高等学校"十三五"规划教材

现代光学实验教程

丁春颖　李德昌　武颖丽　编著

李平舟　主审

U0312061

西安电子科技大学出版社

内 容 简 介

本书是西安电子科技大学校级规划教材。本书内容旨在培养学生的科学实验素质、实验技能及创新意识。

全书共五章,包括绪论、常用光学元器件及实验技术,以及教学实验中的验证性实验、设计性实验和创意性实验,涵盖光速测定、固体介质折射率的测定、氢原子光谱、偏振光的研究、衍射光强自动记录系统、普朗克常数的测定、塞曼效应、迈克尔逊干涉仪等。

本书从基础光学实验出发到创意性光学实验,由浅入深地介绍了一系列实验内容,目的是使学生深入了解光学实验的构造、原理、意义,并通过引入一些创新性实验激发学生的创新意识。

本书可作为高等院校物理类专业光学课程的实验教材,也可供与光学相关领域的技术人员参考。

图书在版编目(CIP)数据

现代光学实验教程/丁春颖等编著. —西安:西安电子科技大学出版社,2015.9
高等学校"十三五"规划教材
ISBN 978 - 7 - 5606 - 3734 - 1

Ⅰ. ① 现… Ⅱ. ① 丁… Ⅲ. ① 光学—实验—高等学校—教材 Ⅳ. ① O43 - 33

中国版本图书馆 CIP 数据核字(2015)第 173461 号

策划编辑 李惠萍
责任编辑 李惠萍
出版发行 西安电子科技大学出版社(西安市太白南路 2 号)
电 话 (029)88242885 88201467 邮 编 710071
网 址 www.xduph.com 电子邮箱 xdupfxb001@163.com
经 销 新华书店
印刷单位 陕西天意印务有限责任公司
版 次 2015 年 9 月第 1 版 2015 年 9 月第 1 次印刷
开 本 787 毫米×1092 毫米 1/16 印张 10.5
字 数 245 千字
印 数 1～2000 册
定 价 18.00 元
ISBN 978 - 7 - 5606 - 3734 - 1
XDUP 4026001 - 1

* * * 如有印装问题可调换 * * *

前　　言

　　应用光学实验是大学本科物理学专业理论教学的一门重要课程，具有直观性、实践性、综合性、设计性与创新性等特点。它对后续专业课程的学习具有重要的启发性，是培养学生实验素质、动手能力及创新意识的重要基础课程之一。作者在编写过程中注意到了以下几个方面：

　　（1）创新意识。应用光学实验教学内容贯穿着整体强化实验基本技能、基本方法和实验思想的训练。实验设计注意培养和提高学生的科学实验素质，重点突出能力培养，特别是思维能力、研究能力和创新意识的培养和提高。

　　（2）灵活性。为了照顾到不同程度的学生，按照由浅入深、循序渐进的原则，分别编写了验证性、设计性、创意性等不同层次的实验。除了教学要求必须做的实验内容外，学生可以根据自己的需要和兴趣，自主地选择合适的实验，在教师的指导下完成。

　　（3）实用性。为了使本书更具有实用性及参考价值，全书共分五章，包括三个部分。第一部分为绪论，主要介绍实验教学的任务和基本要求，以及实验数据处理方法中的误差与不确定度，并简要介绍了一些实验中的光学测量方法。第二部分介绍常用光学元器件及实验技术，内容涵盖常用光学元件、调节机械部件、常用光源、光电转换器以及光路调试技术。第三部分是实验部分，包含验证性实验 11 个、设计性实验 7 个、创意性实验 4 个。为帮助学生训练思维能力、研究能力和创新能力，有些实验还给出了一些思考题目。

　　全书的体系框架、编写和定稿由丁春颖、李德昌、武颖丽老师完成，李平舟老师担任本书主审。在教材编写过程中，李平舟、武颖丽、李仁先等老师对实验选题、内容和部分实验器材等提供了不少的信息和帮助，此外书中还吸收了物理实验中心其他教师的意见和经验，特在此一并致谢。

　　本书编写过程中参考了很多光学实验工作者编写的教材以及研究成果，有些已在本书末的参考文献中列出，有些未能列出，在此一并表示感谢。

　　由于时间仓促，编者经验不足，水平有限，书中的疏漏、不足之处在所难免，恳请各位读者批评、指正。

编者　丁春颖

2015 年 8 月

目　　录

第 1 章　绪　论

1.1　实验教学的基本任务和基本要求

专业光学实验具有自主性、兴趣性和创新性。通过一系列实验，可使学生牢固树立主体意识，并从中进一步学习和掌握基本的实验技能、实验原理和实验方法，训练自己综合运用知识、独立思考、独立分析和解决问题的能力，同时培养自身知识创新和拓展的能力，提高自主动手设计的能力。

1. 实验的准备阶段

实验的成功或失败，很大程度上取决于实验的准备阶段。在这一阶段，实验者需要进行 4 项工作，每项工作都不能离开理论的应用，不能离开逻辑思维活动。

① 明确实验目的，明白为什么进行实验。

② 明确指导实验设计的理论，即明确以什么理论来指导实验设计，启发实验者应采用什么方法并从什么方向上去实现已确立的实验目的。没有这一步骤，就不能从实验目的过渡到具体的实验设计上去。

③ 着手实验设计。在采取具体的实验行动之前，先在思维中以观念形态大致完成这个实验的行动过程，哪些干扰因素应设法排除，哪些次要因素要暂时撇开，这些都应该在实验设计中予以考虑。实验设计的任务，实际上就是在实验之前，先把这个实验在自己的思维中完成。

④ 准备实验仪器、设备、材料。明确每一种仪器都是以某种或某些理论为依据而设计和制造的，每采用一种仪器，实际上就意味着引进一些理论。材料的选用也是根据一定的理论进行的。离开了一定的理论和逻辑思维，实验仪器、设备和材料的准备工作就无法进行。

2. 实验的实施阶段

实验的实施阶段就是实验操作者操作一定的仪器设备使其作用于实验对象，以取得某种实验效应和数据。具体包括实验方案的选取、仪器设备的安装与调试、实验对象的观察和数据的记录。实验过程中要及时发现问题，解决问题。这个阶段的活动是对人们已有认识的检验，也给人们提供认识的新事实。

3. 实验结果的处理阶段

实验结束后，要对实验中获得的数据做进一步的加工、整理，从中提取出科学事实或某种规律性结论。在分析过程中，要利用统计分析的方法，借助于计算机等手段从数据之间的因果关系、起源关系、功能关系、结构关系等方面多角度、多层次地进行处理。实验最后要形成一份详实完整的实验报告。实验报告内容包括：

① 实验名称：所做实验的名称。

② 实验时间：做实验的具体时间。

③ 实验学生：做实验者本人的姓名。

④ 指导老师：指导实验的教师姓名。

⑤ 实验目的：完成本实验应达到的基本要求。

⑥ 实验仪器：所用仪器的名称和型号。

⑦ 实验原理：简述原理，包括简单的公式推导、原理图和光路图。

⑧ 实验内容和步骤。

⑨ 数据处理：有数据表格、必要的计算过程、实验曲线（必须用铅笔在坐标纸上作图），并写出结果的标准形式和不确定度。

⑩ 问题讨论：分析总结实验得失，完成讨论题。

完成这样完整而又规范的实验报告形式的目的是培养学生规范的实验能力和科学总结能力。

4. 实验室注意事项

（1）光学仪器大多是精密贵重仪器，必须在清楚了解仪器的使用方法之后才能动手使用仪器。取放仪器时，思想要集中，动作要轻慢，暂时不用的仪器要放回原处，不要随意乱放，以免损坏。

（2）光学元件大多数用玻璃制成，光学表面经过精细抛光，因此在任何时候不能用手触摸光学表面，只能拿光学元件的磨砂面。

（3）不要对着光学元件讲话、打喷嚏和咳嗽，以免对镜面造成污痕。

（4）光学元件与光学仪器表面的清洁应在擦拭之前了解清楚其具体情况，采用适当的方法进行处理。如光学仪器表面落有灰尘，可以用干净柔软的脱脂毛刷轻轻掸除，或用洗耳球吹除，严禁用嘴直接去吹；如表面有污渍，可用脱脂棉球蘸酒精乙醚混合液轻轻擦拭，切忌用布直接擦拭；镀膜的光学仪器表面更要小心处理，避免损坏薄膜表面。

（5）光学仪器的调节比较精密，动作要稳、慢，切勿调整过头。

（6）实验中使用的激光源是强光光源，要注意激光的防护。

（7）实验室内要讲究清洁卫生、文明礼貌，不得大声喧哗，不能嬉笑打闹。

（8）实验完毕，要向实验指导老师或实验室工作人员报告实验结果和仪器使用情况，整理好仪器设备，经允许后方可离开实验室。

按照上述实验过程完成实验就要求学生具备以下基本能力：

（1）掌握测量误差的基本知识，具有正确处理实验数据的基本能力。具体应掌握的内容如下：

① 了解测量误差的基本概念，采用不确定度方法对直接测量和间接测量的误差进行评估。

② 学习处理实验数据的一些常用方法，包括列表法、作图法和最小二乘法等。随着计算和应用技术的不断普及，应具有用计算机通用软件处理实验数据的基本能力等。

（2）掌握常用的光学实验方法，例如比较法、转换法、放大法、模拟法、补偿法、平衡法和干涉、衍射法及在近代科学研究和工程技术中广泛应用的其他方法。

（3）了解实验室常用仪器的性能，并会使用，例如长度测量仪器、计时仪器、测温仪器、干涉仪、折射率测量仪、通用示波器、光速测量仪、分光仪、光谱仪、激光器、常用电源和光源等常用传统仪器。随着现代技术的发展，应根据条件，在光学实验课中逐步了解和学习在近代科学研究与工程技术中广泛应用的现代光学技术，例如激光技术、传感器技术、微弱信号检测技术、光电子技术、结构分析波谱技术等。

（4）掌握常用的实验操作技术，例如零位调整，水平、铅直调整，光路的共轴调整，消视差调整，逐次逼近调整，根据给定的光路图正确连接仪器，简单的光路故障检查与排除，以及在近代科学研究与工程技术中广泛应用的仪器的正确调节方法。

（5）掌握基本光学量的测量方法，例如长度、时间、光强度、折射率、光速等常用光学量及光学参数的测量，注意加强数字化测量技术和计算技术在光学实验教学中的应用。

（6）适当了解一些光学实验史料和光学实验在工程技术及现代科学技术中的应用知识。

此外学生还应具备以下提高性能力：

① 独立实验的能力。能够通过阅读实验教材、查询有关资料，掌握实验原理及方法，做好实验前的准备；正确使用仪器及辅助设备，独立完成实验内容，撰写合格的实验报告；培养独立实验的能力，逐步形成自主实验的能力。

② 分析与研究的能力。能够融合实验原理、设计思想、实验方法及相关的理论知识对实验结果进行判断、归纳与分析。掌握通过实验进行光学现象和光学规律研究的基本方法，具有初步的分析与研究能力。

③ 理论联系实际的能力。能够在实验中发现问题、分析问题并学习解决问题；能够根据光学理论与教师的要求建立合理的模型并完成简单的设计性实验，初步形成综合运用所学知识和技能解决实际问题的能力。

1.2 误差与不确定度

测量值与真实值之间的差异称为误差。物理实验离不开对物理量的测量，测量有直接的，也有间接的。由于仪器、实验条件、环境等因素的限制，测量不可能无限精确，物理量的测量值与客观存在的真实值之间总会存在着一定的差异，这种差异就是测量误差。误差与错误不同，错误是应该而且可以避免的，而误差是不可能避免的。不确定度表征被测量的真值所处量值范围的评定，它按某一置信概率给出真值可能落入的区间，可以是标准差或其倍数。不确定度不是具体的真误差，它只是以参数形式定量表示了无法修正的那部分误差范围，其来源于偶然效应和系统效应的不完善修正，是用于表征合理赋予的被测量值的分散性参数。

1.2.1 误差及其处理方法

1. 误差的定义

误差定义为测量值和真值之差。按表达方式分为绝对误差和相对误差。

（1）绝对误差：测量值与真值之差，即

$$\delta_x = x - x_0 \tag{1-1}$$

式中 δ_x 表示绝对误差，x 表示测量值，x_0 表示真值。

该误差反映了测量的准确度。由于误差存在于一切测量过程中，真值虽然是客观存在

的实际值，但无法得到。因此等精度测量中常用测量值和平均值之差估算绝对误差。其表达式为

$$\delta_x = x - \overline{x} \tag{1-2}$$

在估算绝对误差时，有时用被测量的公认值、理论值或更高精度的测量值来代替真值 x_0，这些值叫做"约定真值"。

（2）相对误差：用绝对误差和真值比的绝对值（百分数）表示，也称百分误差。计算公式为

$$E = \left| \frac{\delta_x}{x_0} \right| \times 100\% \tag{1-3}$$

2. 误差的类型及处理方法

测量中误差按其产生的条件可归纳为系统误差、随机误差和粗大误差三类。

1）系统误差

在对同一物理量进行多次等精度测量时，误差为常数或以一定规律变化的误差称为系统误差。系统误差分为可定系统误差和未定系统误差。

① 可定系统误差。在测量中大小、正负可确定的误差称为可定系统误差。测量中应消除掉该误差。例如米尺零刻线被磨损或弯曲，若不注意，会产生零点不为零的可定系统误差。因此测量时应该避开零刻度线，用中间的某整刻度线作为测量的起始点，再读出被测物的终止点，两点相减就避开了零点不准的可定系统误差。再如千分尺（亦称螺旋测微器）零点不为零，测量时应先记下零点值 d_0，再测量被测量值的大小 d_1，两者相减（$d_1 - d_0$）的结果就消除了千分尺 d_0 的可定系统误差。

② 未定系统误差。测量中只能确定大小，不能确定正负的误差（如仪器不确定度产生的测量误差）称为未定系统误差，应将其合成到测量结果的不确定度中。例如千分尺的示值误差、数字毫秒计的不确定度、分光计的不确定度、电表的精度（即准确度等级）等产生的测量误差都是未定系统误差。

（1）系统误差产生的原因。

由仪器不确定度产生的系统误差，即因仪器本身缺陷、校正不完善或没有按规定条件使用而产生的误差。例如，仪器刻度不准、刻度盘和指针安装偏心、米尺弯曲、天平两臂不等长等。

由测量公式产生的系统误差，即因测量公式本身的近似性或没有满足理论公式所规定的实际条件而产生的误差。例如，单摆周期公式 $T = 2\pi \sqrt{l/g}$ 的成立条件是摆角小于 $5°$，用这个近似公式计算 T 时，计算本身就带来了误差；又如用伏安法测量电阻时，忽略了电表内阻的影响等。

由测量环境产生的系统误差，即在测量过程中，因周围温度、湿度、气压、振动、电磁场等环境条件发生有规律的变化而引起的误差。如在 $25℃$ 时标定的标准电阻在 $30℃$ 环境下使用产生的误差等。

由操作人员产生的系统误差，即因操作者的坏习惯或生理、心理等因素造成的误差。例如用米尺测长，读数时斜视读出；用秒表计时，揿表速度较慢等。

（2）发现系统误差的方法。

理论分析法：从原理和测量公式上找原因，看是否满足测量条件。例如用伏安法测量电阻时实际中电压表内阻不等于无穷大、电流表内阻不等于零，会产生系统误差。

实验对比法：改变测量方法和条件，比较差异，从而发现系统误差。例如调换测量仪器或操作人员，进行对比，观察测量结果是否相同而进行判断确认。

数据分析法：分析数据的规律性，以便发现误差。例如残差法，对一组等精度测量数据，通过计算偏差、观察其大小和比较正、负号的数目，可以寻找系统误差。

2）随机误差

多次等精度测量中，误差变化是随机的，忽大忽小，忽正忽负，没有规律；当测量次数比较多时就满足一种规律——统计规律。最常见的就是正态分布（也称高斯分布），如图1.1所示，其满足高斯方程：

$$f(\delta_x) = \frac{1}{\sigma\sqrt{2\pi}}e^{-\frac{1}{2}\left(\frac{\delta_x}{\sigma}\right)^2} \tag{1-4}$$

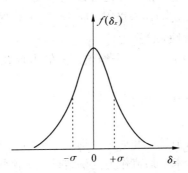

图 1.1 正态分布曲线图

（1）正态分布的特性。

高斯方程中 σ 称为标准差，是随机误差 δ_x 的分布函数 $f(\delta_x)$ 的特征量，其表达式为

$$\sigma = \lim_{n\to\infty}\sqrt{\frac{1}{n}\sum_{i=1}^{n}(x_i - x_0)^2} \tag{1-5}$$

σ 确定，$f(\delta_x)$ 就唯一确定；反之 $f(\delta_x)$ 确定，σ 的大小也就唯一确定了。σ 越小，测量精度越高。曲线越陡，峰值越高，随机误差越集中，测量重复性越好；σ 越大则反之。σ 对 $f(\delta_x)$ 的影响示意图如图1.2所示。

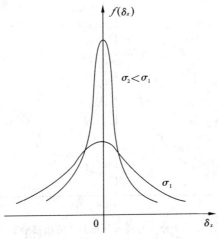

图 1.2 σ 对 $f(\delta_x)$ 的影响示意图

为了统计随机误差的概率分布，将概率密度函数在以下区间积分，得到随机误差在相应区间的概率值分别如下：

$$P(-\infty, +\infty) = \int_{-\infty}^{+\infty} f(\delta_x) \mathrm{d}(\delta_x) = 1$$

$$P(-\sigma, +\sigma) = \int_{-\sigma}^{+\sigma} f(\delta_x) \mathrm{d}(\delta_x) = 68.3\%$$

$$P(-2\sigma, +2\sigma) = \int_{-2\sigma}^{+2\sigma} f(\delta_x) \mathrm{d}(\delta_x) = 95.4\%$$

$$P(-3\sigma, +3\sigma) = \int_{-3\sigma}^{+3\sigma} f(\delta_x) \mathrm{d}(\delta_x) = 99.7\%$$

由上式可以看出，随机误差落在 $\pm 3\sigma$ 之外的概率仅为 0.3%，是正常情况下不应该出现的小概率事件，因此将 $\pm 3\sigma$ 定为误差极限，即 $|\delta_{x_i}| \geqslant 3\sigma$ 时的 x_i 为坏值。

正态分布具有 4 个重要特性，分别为：

单峰性：小误差多而集中，形成一个峰值。该值出现在 $\delta_x = 0$ 处，即真值出现的概率最大。

对称性：正负误差出现的概率相同。

有界性：$|3\sigma|$ 为误差界限。

抵偿性：正负误差具有抵消性。当 $n \to \infty$ 时，$\overline{\delta_x} \to 0$，$\overline{x} \to x_0$。因此，对随机误差的处理方法是采取多次测量，取算术平均值作为测量结果，以减小随机误差，提高测量精度。

（2）测量列的标准差。

如图 1.3 所示，高斯方程中的标准差 σ 是理论值，当 $n \to \infty$ 时，才趋于高斯分布。在实际测量中，只能进行有限次测量，而有限次测量的随机误差实际遵从 t 分布。t 分布曲线较高斯分布曲线稍低而宽，两边较高，两者形状非常相近。实验中，先用贝赛尔（Bessle）公式计算测量列的标准偏差

$$S = \sqrt{\frac{1}{n-1} \sum_{i=1}^{n} (x_i - \overline{x})^2} \qquad (1-6)$$

然后用 t 分布因子对标准偏差进行修正，估算出测量列的标准差

$$\sigma = S \times t_{0.683} \qquad (1-7)$$

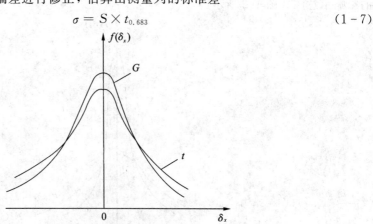

图 1.3　t 分布与高斯分布曲线的比较示意图

在测量次数选择时，要注意 t 因子的修正。由表 1.1 可见，$n=6$ 是拐点，当 $n>6$ 时，t

的变化小而缓慢，可取：

$$\sigma \approx S(n \geqslant 6) \tag{1-8}$$

表 1.1　实验中常用的 t 因子

n	1	2	3	4	5	6	7	8	9	20	40	∞
$t_{0.683}$	1.84	1.32	1.20	1.14	1.11	1.09	1.08	1.07	1.06	1.03	1.01	1

（3）平均值的标准差。

平均值也是个随机变量，服从正态分布。如果对某被测量 x 进行多组多次等精度测量，每组测量列的平均值为 $\overline{x}_1$、$\overline{x}_2$ …等不尽相同，只是随机误差已很小。由最小二乘法可证明，平均值是真值的最佳估计值，因此实验中只需对被测量进行 1 组等精度测量。其平均值的标准差：

$$\sigma_{\overline{x}} = \frac{\sigma}{\sqrt{n}} = t \sqrt{\frac{1}{n(n-1)} \sum_{i=1}^{n} (x_i - \overline{x})^2} \tag{1-9}$$

下面用最小二乘法证明测量列的平均值是真值的最佳估计值。

求一组等精度测量列的最佳值，就是求能使它与各次测量值之差的平方和为最小的 $x_{佳}$ 值。用 $x_{佳}$ 表示真值的最佳估计值，即求式 $\sum_{i=1}^{n} (x_i - x_{佳})^2$ 取最小值时的 $x_{佳}$，对上式求一阶导数（令其等于零）和二阶导数（大于零）分别为

$$f'\left[\sum_{i=1}^{n} (x_i - x_{佳})^2\right] = 0; \quad f''\left[\sum_{i=1}^{n} (x_i - x_{佳})^2\right] = 2n > 0，满足极小值条件$$

解一阶导数等于零的等式：

$$-2\sum_{i=1}^{n} (x_i - x_{佳}) = 0$$

$$\sum_{i=1}^{n} x_i = nx_{准}$$

则

$$x_{准} = \frac{1}{n} \sum_{i=1}^{n} x_i$$

由以上证明可以看出，真值的最佳估计值是平均值。

3）粗大误差

粗大误差又简称粗差，是实验者粗心大意或由于环境突发性干扰而造成的，为坏值。在处理数据时不能计算在内，应予以剔除，具体做法是求出 $\overline{x}$ 和 σ，作区间 $x = (\overline{x} \pm 3\sigma)$，则测量列中数据不在此区间内的值都是坏值，应剔除掉，这种方法称为 3σ 法则。在测量中，若一组等精度测量值中的某值与其它值相差很大，应先查找一下原因，判断是否是粗差引起的，若是，则将其剔除。若找不出原因，或无法肯定，就先求出所有测量值（包括可疑坏值）的标准差，然后用 3σ 法则判断并剔除。之后，再用剩余的数据重新计算 σ，并进行检验，直到没有坏值，才能计算、分析测量结果。

例 1　对液体温度作多次等精度测量，测量值分别为 20.42、20.43、20.43、20.42、20.43、20.39、20.30、20.40、20.43、20.42、20.41、20.39、20.39、20.40。试用 3σ 准则检验该测量列中是否有坏值，并计算检验后的平均值及标准差。

解：实验数据和处理过程如表 1.2 所示。

表 1.2　实 验 数 据

i	$t/℃$	$|\delta_x|/℃$
1	20.42	0.016
2	20.43	0.026
3	20.40	0.004
4	20.43	0.026
5	20.42	0.016
6	20.43	0.026
7	20.39	0.014
8	20.30	0.104
9	20.40	0.004
10	20.43	0.026
11	20.42	0.016
12	20.41	0.006
13	20.39	0.014
14	20.39	0.014
15	20.40	0.004
平均值	20.404	

在表中计算的中间过程数据可以多取一位。

计算测量列的标准差：

$$\sigma = 0.03\ ℃，3\sigma = 0.09\ ℃$$

判断和剔除：$i = 8$ 时的 $|\delta_x| = 0.104 \geqslant 3\sigma$，故 $t = 20.30\ ℃$ 是坏值，予以剔除。

剔除后 $\bar{t} = 20.411℃，\sigma = 0.016℃$，经检验已再无坏值。

1.2.2　不确定度

1. 不确定度的定义

1）不确定的概念

不确定度是由于测量误差的存在而造成对被测量值不能确定的程度。若被测量用 X 表示，则不确定度用符号 ΔX 表示。它由两部分组成：A 类分量 ΔX_A 和 B 类分量 ΔX_B。

ΔX 表达式：

$$\Delta X = \sqrt{\Delta X_A^2 + \Delta X_B^2} \tag{1-10}$$

相对不确定度：

$$E = \frac{\Delta X}{X} \times 100\% \tag{1-11}$$

A 类分量：ΔX_A 是对随机误差的统计处理，常用平均值的一倍标准差估算；

B 类分量：ΔX_B 是对未定系统误差大多按均匀分布进行的非统计处理，换算成与一倍标准差有相同置信概率的分量。

ΔX_A、ΔX_B 应具有同等的置信概率（物理实验中一般取 $P = 0.683$）。

2）仪器的不确定度 $\Delta X_{仪器}$

仪器是一种产品，作为一个结果，它的不可靠量值应该是不确定度 $\Delta X_{仪器}$（以前称其为仪器误差）。它在测量中产生未定系统误差，该误差大多服从均匀分布，如图 1.4 所示，即误差大小和符号的概率均相等。

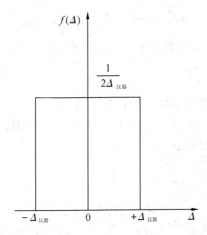

图 1.4 均匀分布示意图

将仪器不确定度 $\Delta X_{仪器}$ 合成到测量结果的不确定度中为 B 类分量：

$$\Delta X_\mathrm{B} = \frac{\Delta X_{仪器}}{\sqrt{3}} (P = 0.683) \tag{1-12}$$

3）仪器不确定度的获得

获得不确定度的方法如下：

（1）由仪器或说明书中给出。有的仪器在说明书或者铭牌上已经标明了仪器的不确定度。

（2）由仪器的准确度等级获得，即

$$\Delta X_{仪器} = 准确度等级 \times \frac{量程}{100} \tag{1-13}$$

仪器的准确度等级由高到低排列为 0.1、0.2、0.5、1.0、1.5、2.5、5.0 级，共七个等级（0.1、0.2 属正态分布，$\Delta X_\mathrm{B} = \Delta X_{仪器}/3$；其余均为均匀分布，$\Delta X_\mathrm{B} = \Delta X_{仪器}/\sqrt{3}$）。

（3）估计：对于连续读数的仪器，取 $\Delta X_{仪器} = 1/2$ 分度值；对于非连续读数的仪器，取 $\Delta X_{仪器} =$ 分度值。

在实验室中，最常见的非连续读数仪器有：游标卡尺、分光计、电阻箱、机械秒表、数字式欧姆表、数字式频率计等数字式仪表。非连续读数仪器对数字式仪表 $\Delta X_{仪器}$ 取末位 ± 1 或 ± 2。（注：分度值就是仪器最小测量单位的量值。如米尺的分度值是 $1\ \mathrm{mm}$，JJY 分光计的分度值是 $1'$。）

2. 测量结果和不确定度的确定

1) 单次直接测量

在某些精度要求不高或条件不许可的情况下，只需要进行单次测量。在实验中，先重复性测量 3 次，如果测量值相等，说明测一次就行了。此时的不确定度的两个分量表示为：

$$\Delta X_A = 0 , \quad \Delta X_B = \frac{\Delta X_{仪器}}{\sqrt{3}}$$

因此，测量结果和不确定度如下：

测量结果：x_1。

不确定度：$\Delta X = \sqrt{\Delta X_A^2 + \Delta X_B^2} = \Delta X_B$

$\dfrac{\Delta X_{仪器}}{\sqrt{3}}$（物理实验中的系统误差大多是均匀分布的）

2) 多次直接测量

通常对于测量都要重复进行多次，以便于提高测量精度。一般选取测量次数 $n \geqslant 6$，以便于满足 $\sigma \approx S(t \approx 1)$，简化 ΔX_A 的计算。数据处理前应该消除掉可定系统误差和剔除掉粗大误差，再进行下面的分析计算。

测量结果：$\overline{x} = \dfrac{1}{n} \sum\limits_{i=1}^{n} x_i$。

不确定度：

$$\begin{aligned} \Delta X &= \sqrt{\Delta X_A^2 + \Delta X_B^2} \\ &= \sqrt{(\sigma_{\overline{x}})^2 + \left(\frac{\Delta X_{仪器}}{\sqrt{3}}\right)^2} \\ &= \sqrt{\frac{t^2}{n(n-1)} \sum\limits_{i=1}^{n} (x_i - \overline{x})^2 + \frac{\Delta X_{仪器}^2}{3}} \end{aligned} \tag{1-14}$$

3) 间接测量

间接测量值是把直接测量的结果带入函数关系式（即测量公式）计算而得到的。由于直接测量有误差，导致间接测量也有误差。间接测量结果的不确定度取决于直接测量结果的不确定度和测量公式的具体形式，分析如下：

被测量的函数关系式：$y = f(x_1, x_2, \cdots, x_n)$，$x_1, x_2, \cdots, x_n$ 为各自独立的直接测量量。

测量结果：$\overline{y} = f(\overline{x_1}, \overline{x_2}, \cdots, \overline{x_n})$。

间接测量不确定度：对被测量的函数关系式进行全微分，求出结果的不确定度。为使微分简化，具体分为如下两种形式表示：

（1）当测量公式为和差形式时，对 $y = f(x_1, x_2, \cdots, x_n)$，直接用微分求不确定度 ΔY，如下：

$$\mathrm{d}y = \frac{\partial f}{\partial x_1} \mathrm{d}x_1 + \frac{\partial f}{\partial x_2} \mathrm{d}x_2 + \cdots + \frac{\partial f}{\partial x_n} \mathrm{d}x_n$$

$$\Delta Y = \sqrt{\left(\frac{\partial f}{\partial x_1} \Delta x_1\right)^2 + \left(\frac{\partial f}{\partial x_2} \Delta x_2\right)^2 + \cdots + \left(\frac{\partial f}{\partial x_n} \Delta x_n\right)^2} = \sqrt{\sum\limits_{i=1}^{n} \left(\frac{\partial f}{\partial x_i} \Delta x_i\right)^2}$$

$$\tag{1-15}$$

例 2　求 $Y = 3C - D$ 的不确定度。

微分：
$$dY = 3dC - dD$$

用不确定度符号代替微分符号，得

$$\Delta Y = \sqrt{9(\Delta C)^2 + (\Delta D)^2}$$

式中直接测量量的不确定度 ΔC、ΔD 用式(1 - 14)计算。

（2）当测量公式为乘除、指数等形式时，对 $y = f(x_1, x_2, \cdots, x_n)$，先取对数，再微分求相对不确定度 $\Delta Y / Y$。

$$\ln y = \ln f(x_1, x_2, \cdots, x_n)$$

$$\frac{dY}{Y} = \frac{\partial \ln f}{\partial x_1} dx_1 \pm \frac{\partial \ln f}{\partial x_2} dx_2 \pm \cdots + \frac{\partial \ln f}{\partial u_n} dx_n$$

$$\frac{\Delta Y}{Y} = \sqrt{\left(\frac{\partial \ln f}{\partial x_1} \Delta x_1\right)^2 + \left(\frac{\partial \ln f}{\partial x_2} \Delta x_2\right)^2 + \cdots + \left(\frac{\partial \ln f}{\partial x_n} \Delta x_n\right)^2}$$

$$= \sqrt{\sum_{i=1}^{n} \left(\frac{\partial \ln f}{\partial x_i} \Delta x_i\right)^2} \tag{1-16}$$

例 3　求 $Y = 3C/D^5$ 的不确定度。

取对数：
$$\ln Y = \ln 3 + \ln C - 5\ln D$$

微分：
$$\frac{dY}{Y} = \frac{dC}{C} - 5\frac{dD}{D}$$

用不确定度号代替微分号：

$$\frac{\Delta Y}{Y} = \sqrt{\left(\frac{\Delta C}{C}\right)^2 + 25\left(\frac{\Delta D}{D}\right)^2}$$

式中直接测量量 A、B 的不确定度 ΔC 和 ΔD 应用式(1 - 14)计算。

4）测量结果的表示

测量结果用下式表示：

$$Y = \overline{Y} \pm \Delta Y = \qquad\qquad \frac{\Delta Y}{Y} =$$

表 1.3　常用函数的不确定度传递公式

函数	不确定度关系式
$Y = A \pm B$	$\Delta Y = \sqrt{(\Delta A)^2 + (\Delta B)^2}$
$Y = AB$ 或 $Y = A/B$	$\dfrac{\Delta Y}{Y} = \sqrt{\left(\dfrac{\Delta A}{A}\right)^2 + \left(\dfrac{\Delta B}{B}\right)^2}$
$Y = kA$	$\Delta Y = k \cdot \Delta A$
$Y = kA \cdot \dfrac{mB}{nC}$	$\dfrac{\Delta Y}{Y} = \sqrt{\left(k\dfrac{\Delta A}{A}\right)^2 + \left(m\dfrac{\Delta B}{B}\right)^2 + \left(n\dfrac{\Delta C}{C}\right)^2}$
$Y = \sqrt[n]{A}$	$\dfrac{\Delta Y}{Y} = \dfrac{1}{n}\dfrac{\Delta A}{A}$
$Y = \ln A$	$\Delta Y = \dfrac{\Delta A}{A}$
$Y = \sin A$	$\Delta Y = |\cos A| \Delta A$

5) 举例

例 4　用一级千分尺($\Delta X_{仪器} = \pm 0.004$ mm)对一钢丝直径 d 进行六次测量,测量值见表 1.4。千分尺的零位读数为 $d_0 = -0.008$ mm,要求进行数据处理,写出测量结果。

解:测量数据及处理如表 1.4 所示。

表 1.4　实验数据测量及处理表格

i	1	2	3	4	5	6
d/mm	2.125	2.131	2.121	2.127	2.124	2.126
$\bar{d}(0)/\text{mm}$			2.126			
$\delta d/\text{mm}$	-0.001	0.005	-0.005	0.001	-0.002	0

消除可定系统误差后的平均值:$\bar{d} = \bar{d}(0) - d_0 = 2.134$ mm。

A 类分量:

测量列的标准差:

$$\sigma = \sqrt{\frac{1}{6-1} \sum_{i=1}^{6} (\delta d)^2} = 0.0033 \text{ mm } (n \geqslant 6), \quad 3\sigma = 0.01 \text{ mm}$$

经检查测量列中无坏值。

平均值的标准差:

$$\sigma_{\bar{d}} = \frac{\sigma}{\sqrt{6}} = 0.001 \text{ mm } (n \geqslant 6, t \approx 1)$$

$$\Delta X_A = \sigma_{\bar{d}} = 0.001 \text{ mm}$$

B 类分量:

仪器不确定度:

$$\Delta X_{仪器} = 0.004 \text{ mm}$$

$$\Delta X_B = \frac{\Delta X_{仪器}}{\sqrt{3}} = \frac{0.004 \text{ mm}}{\sqrt{3}}$$

不确定度:

$$\Delta d = \sqrt{0.001^2 + \frac{0.004^2}{3}} = 0.0025 \text{ mm}$$

相对不确定度:

$$\frac{\Delta d}{d} = \frac{0.002}{2.134} \times 100\% = 0.094\%$$

测量结果:$d = (2.134 \pm 0.002)$ mm　$(P = 0.683)$;$\dfrac{\Delta d}{d} = 0.094\%$

例 5　单摆法测量重力加速度的公式为 $g = \dfrac{4\pi^2 L}{T^2}$,各直接测量量的结果为

$$T = (1.984 \pm 0.002)\text{s}, \quad \frac{\Delta T}{T} = 0.10\%$$

$$L = (9.78 \pm 0.01) \times 10 \text{ cm}, \quad \frac{\Delta L}{L} = 0.10\% (P = 0.683)$$

试进行处理数据,写出测量结果。

解：
$$g = \frac{4\pi^2 L}{T^2} = 980.9 \text{ cm/s}^2$$

相对不确定度：

$$\frac{\Delta g}{g} = \sqrt{\left(\frac{\Delta L}{L}\right)^2 + \left(2\,\frac{\Delta T}{T}\right)^2} = 0.22\%$$

不确定度：

$$\Delta g = \frac{\Delta g}{g} \cdot \overline{g} = 2 \text{ cm/s}^2$$

测量结果：

$$g - \overline{g} \perp \Delta g = (981 \pm 2) \text{ cm/s}^2 = (9.81 \pm 0.02) \times 10^2 \text{ cm/s}^2 (P = 0.683)$$

$$\frac{\Delta g}{g} = 0.22\%$$

1.3 光学实验测量方法

光学实验测量方法由于富含启发性和创造性而渗透到各个学科领域，它凝聚了许多科学家和实验工作者的巧妙构思，是几代人智慧的结晶，值得我们学习和借鉴。在课程学习中，应当注意理论联系实际，重点掌握实验方法，并在实践中学会应用实验方法解决问题。

1. 比较法

比较法是物理测量中最普遍、最基本的测量方法，它是将被测量与标准量进行比较而得到测量值的过程。通常将被测量与标准量通过测量装置进行比较，当它们产生相同的效应时，两者相等。例如：用直尺测量接收屏上光斑的直径以及测量光传播距离或某传播空间的尺寸；用功率计测量激光束的功率和能量等。

2. 放大法

在实验或者工程实践中经常会遇到一些值很小的量或其变化很微弱，即便能找到与之进行比较的标准量，也会因为这些量值过小，用肉眼无法分析和判别，此时需要把这些量进行放大，使其成为可测量的量值。例如，在单缝宽度或细丝直径测量实验中，可以通过测量观察屏上 $\pm k$ 级暗条纹间的距离来提高测量精度；螺旋测微计和迈克尔逊干涉仪的读数细分机构中可以把读数细分到 0.01 nm 和 0.0001 nm，读数精度大为提高；人眼的分辨率有限，利用放大镜、显微镜、望远镜等增大物体对眼睛的张角，使人眼能看清物体，提高测量精度等。

3. 转换法

很多物理量由于其属性关系，很难用仪器、仪表直接测量，或者因为条件所限，无法提高测量的准确度。此时可以根据物理量之间的定量关系，把不易测量的待测物理量转换为容易测量的物理量后进行测量，之后再反求待测物理量，这种方法叫转换测量法。在光学实验中常见的转换方法就是光电转换。

4. 补偿法

若某测量系统受某种作用产生 A 效应，同时受另一种同类作用产生 B 效应，如果 B 效应的存在使 A 效应显示不出来，就叫 B 对 A 进行了补偿。补偿法大多用于补偿测量和补偿校正系统误差方面。例如，在光学测量中光程恒定要求下，需要利用补偿光路达到预期效果。迈克尔逊干涉仪中的一支光路中增加补偿板就是为了消除白光对光程差的影响。

5. 干涉法

将一列波分成两个或两个以上的波列，并使其在同一区域中叠加而形成稳定的干涉图样，通过对干涉图样的分析而研究波的特性的方法叫干涉法。利用干涉法获得的干涉图样研究动态对象，从而使研究简化提高测量精度。例如，等厚干涉就是利用不同界面反射光波相干产生干涉条纹进行测量的；利用晶体的晶格作为空间光栅，可以得到 X 光的衍射，人们也是基于此原理研究晶体结构的。

第 2 章　常用光学元器件及实验技术

　　光学实验技术是进行光学实验必备的技能之一，通过这一技能的学习与训练可以提高学生们的实验动手能力、观察能力、分析研究能力和综合运用相关知识的能力。本章将介绍常用的光学元器件及一些带有共性的基本实验技术，主要包括：常用光学部件、机械部件，常用光源、接收器（光电转换器件、光电探测器），光路调整技术（这些技术在光学实验中经常用到）。因此，在做具体实验之前应首先掌握本章的内容。

2.1　常用光学部件

　　光学实验中的基本部件（也是核心部件）是光学元件，如透镜、平面反射镜、分束镜、立方角锥棱镜、光栅、偏振元件等。下面介绍它们的结构和光学性能及其使用要求等。

1. 透镜

　　透镜有成像作用，利用它可以传递物和像的图像。常用的透镜外形如图 2.1 所示。

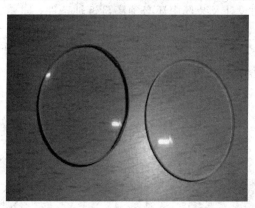

图 2.1　透镜外形图

　　根据透镜的光学性能可以将其分为凸透镜和凹透镜两类。凸透镜的几何特点是中间厚边缘薄，具有汇聚光线的作用，就是说，当一束平行于透镜主光轴的光线通过凸透镜后将汇聚于主光轴上。汇聚点 F 称为该透镜的焦点。透镜中心 O 到焦点 F 的距离称为焦距 f，如图 2.2(a) 所示。凹透镜的几何特点是中间薄边缘厚，具有使光线发散的作用，就是说当一束平行于透镜主光轴的光线通过凹透镜后将散开。将发散光的延长线与主光轴的交点 F 称为该透镜的焦点。透镜中心 O 到焦点 F 的距离称为焦距 f，如图 2.2(b) 所示。

　　当透镜的厚度与其焦距相比甚小时，这种透镜称为薄透镜。在近光轴的条件下，薄透镜的成像规律可表示为

$$\frac{1}{l'} - \frac{1}{l} = \frac{1}{f}$$

(2－1)

式中，l 表示物距；l' 表示像距；f 为透镜的焦距，凸透镜的 f 取正值，凹透镜的 f 取负值。

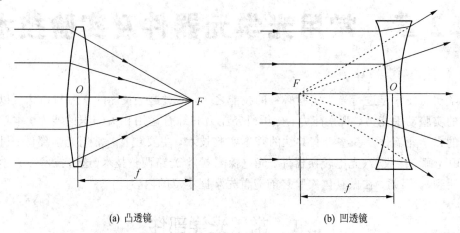

(a) 凸透镜   (b) 凹透镜

图 2.2　透镜的焦点和焦距

　　透镜的厚度通常比它的折射球面的曲率半径 r 和焦距 f 要小得多。透镜是用均匀的透明光学材料制成的，每块薄透镜都有一定的大小(用直径 D 表示)，并有一定的焦距。在实验中，定义 f/D 为透镜的"f 数"，即光圈数，也可用 F^* 表示。由于相对孔径的定义是 D/f，所以，F^* 也是相对孔径的倒数。为了得到较好的成像质量，常要求 F^* 要尽量大一些。此外，在光学系统的设计及装调中还必须满足近轴条件，即 $\sin u \approx u$，$\tan u \approx u$。

2. 平面反射镜

　　平面反射镜(其外形如图 2.3(a)所示)一般用于折转光路，其直径大小应根据折射的光束直径而定。如图 2.3(b)所示，设光束直径为 d，光束光轴与反射镜面的法线夹角为 i，则反射镜的直径 D 应为

$$D = \frac{d}{\cos i} \tag{2-2}$$

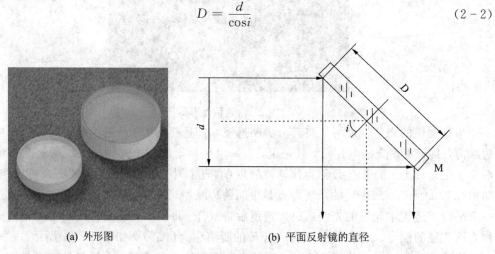

(a) 外形图   (b) 平面反射镜的直径

图 2.3　平面反射镜

　　用于折转光束的反射镜，除了有一定的孔径要求外，还有表面平整度的要求(一级平晶)。另外，为了消除附加反射光的要求，反射镜通常都要在前表面上镀制反射膜。

　　反射镜上镀制的反射膜通常有下述两类：

　　(1) 真空镀铝外加一层氧化硅薄膜，或者真空镀铝后经阳极氧化加固。这类反射膜主要优点是其反射比几乎与入射角无关，也不存在明显色散。缺点是反射比不够高，仅 84% 左右，多片串联使用时光能损失较大，膜层的机械强度也不够高，擦拭时易出划痕。

　　(2) 多层介质反射膜。这种反射膜通常是通过在玻璃基片上交替蒸镀 19～21 层氟化镁和硫化锌膜系或者氧化钛和一氧化硅膜系制成的。其优点是反射比高，可达 99% 以上。其缺点是反射比会随光的波长和入射角的改变而改变，垂直入射时反射比最大，入射角增大时反射比会迅速下降，入射角大于 45°时反射比很快下降到零。

　　反射镜的镜座均有微调和俯仰微调装置。通常根据反射比、反射光束、入射光束的直径及入射光束与反射镜面法线的夹角来设计或选取反射镜。在激光光路中常用直角棱镜（其主截面为等腰直角三角形，光在其斜面上产生全反射）代替平面反射，因为这种棱镜的反射比远比镀金属或介质膜层的平面镜要高，即它不存在镀层对光的吸收，而且也不像许多镀层那样随着时间的变化其光泽减弱使反射比降低。

3. 分束镜

　　分束镜（亦称分光镜）主要用于将入射光束分成具有一定光强的两束光，其主要性能参数是分束比，即透射光强 I_T 与反射光强 I_R 的比值，又称透反比。

　　分束镜通常有两类：固定分束比分束镜和可变分束比分束镜。前者的分束比不可调整，可在宽分束中使用；后者的分束比可以调整，但只能在未经扩束的激光细光束中使用。可变分束比分束镜又分为阶跃分束镜和连续渐变分束镜两种。

　　固定光束分束镜是在玻璃基片上镀制均匀的析光膜而制成的，选用不同的膜系可以获得不同的分光比。分束镜的外形如图 2.4 所示。实验室中常备有透反比为 1∶1、1∶4、1∶7、1∶9 和 9∶1 等多种规格的分光镜，以供实验需要选用。用于装夹固定分束比的分光镜的镜座应具有方位微调和俯仰微调装置。

图 2.4　分束镜外形图

　　阶跃分束镜是在玻璃基片上的不同区域镀制不同的膜系，使各区域具有不同的分束比。连续渐变分束镜是在玻璃基片上镀制厚度连续变化的析光膜。由于厚度连续变化，吸收比也连续变化，借此连续变化透反比，使用十分方便。

　　连续渐变分束镜有条形和圆形两种形式。条形渐变分束镜的镜架具有精密平移装置和俯仰微调装置，如图 2.5(a) 所示。当分束镜平移时，透反比将随之变化。圆形渐变分束镜是通过转动分束镜来改变透反比的，因而其镜架应具有精密的旋转装置，如图 2.5(b) 所示。

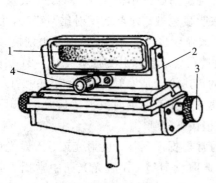 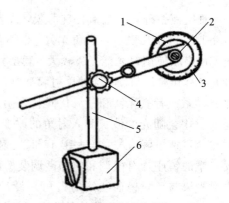

(a) 条形渐变分束镜　　　　　　　　(b) 圆形渐变分束镜

1—分束镜；2—分束镜架；　　　　　　1—分束镜；2—旋转装置；3—圆盘；
3—平移手轮；4—俯仰微调手轮　　　　4—紧定旋钮；5—杆架；6—磁性座

图 2.5　渐变分束镜及其调节装置

为了消除附加光线(二次及更高次的反射光线)的干扰，常将分束镜的玻璃基片加工成楔形，以便使附加光线与正常光线分开，如图 2.6 所示。设分束镜玻璃基片的楔角为 θ，光线的入射角为 i，则玻璃后表面的附加光线 2 与前表面反射的正常光线 1 之间存在夹角 Δi。正常光线 1 只经过前表面的一次反射，其出射角等于入射角 i。附加光线 2 经后表面反射，然后再经前表面折射后出射。因为 θ 较小，由折、反射定律和几何关系可以证明：

$$\Delta i = 2\theta \frac{\sqrt{n^2 - \sin^2 i}}{\cos i} \tag{2-3}$$

当已知楔角 θ 和入射角 i 时，利用上式就可以计算出附加光线偏离正常光线的角度 Δi。随着 θ 角的增大，附加光线迅速偏离，很容易使其不干扰光路。分束镜的楔角一般取 3°左右即可，或根据具体要求另行设计。

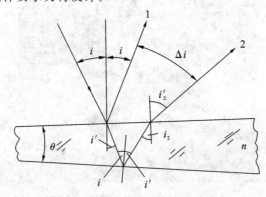

图 2.6　附加光线与正常光线的分离

另一种采用偏振分光原理的分光器也能实现连续渐变分光。图 2.7 所示就是这种分光器的一种。平面偏振光通过半波片 H_1 后振动面发生变化，旋转 H_1 可控制振动面的方位。由于渥拉斯顿(Wollaston)棱镜的作用，从棱镜中透射的两束偏振方向相互垂直的光线 $E_{//}$ 和 $E_{\perp}$ 有不同的方向，其间夹角为

$$\gamma = 2\arcsin[(n_o - n_e)\tan\alpha] \tag{2-4}$$

而两束光的强度比取决于入射光偏振方向与第一块晶体光轴之间的夹角 θ(若入射光为自

然光，则光强比为 1：1）。由于 H_1 可转动，使得 θ 可调，于是分束比也连续可调。半波片 H_2 用于改变 $E_{//}$ 的方位，使两束光的方向都垂直于台面。这种分光器的优点是能连续改变分束比，且光能损失小。如果严格控制好 H_1 的平行度和转动精度，则在改变分束比过程中两束出射光束方向不变，这将给光路调整带来极大的不便。

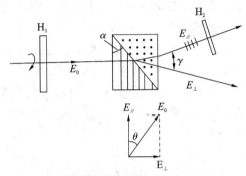

图 2.7　采用偏振分光原理的分光器

4. 立体角锥棱镜

立体角锥棱镜的形状相当于从一个立方体上切下来的一个角，如图 2.8 所示。它的三个内表面相互垂直，是反射面，而底面为一个等边三角形。三面直角棱镜具有两种形式的结构：一种是由一玻璃四面体构成，称为实心三面直角棱镜（见图 2.9）；另一种三面直角棱镜的直角面由镀膜的金属面组成，内部是空的，称为空心三面直角棱镜（见图 2.10）。两种形式的三面直角棱镜具有同样的性质。

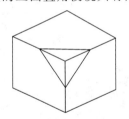
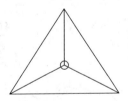
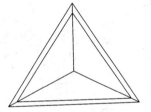

图 2.8　立方体棱镜　　　图 2.9　实心三面直角棱镜　　　图 2.10　空心三面直角棱镜

三面直角棱镜具有下列反射特性：

（1）迎着底面入射于棱镜的光线，经三个反射面相继反射后，其出射光线平行于入射光线。而且棱镜绕角顶转动时，不会引起反射光线方向的变化。

（2）不管入射光线与底面呈何种角度入射，只要光线在三个直角面上依次反射，其入射光线和出射光线在沿光线方向看去，其投影与棱镜的顶点 O 均呈中心对称。因此物体经三面直角棱镜反射后，其坐标绕出射光线转动 $180°$。

在设计和选用反射棱镜组时，除满足仪器的基本要求外，还应考虑如下原则：

① 对人眼瞄准或用光学组件测量时，棱镜（包括平面镜）系统的选用，应使整个光学系统尽可能成像完全一致，以避免产生错觉。

② 充分利用全反射面，尽量少用镀银面以减少光能损失。

③ 棱镜内光轴要尽可能短。也就是说，只要满足转向及通光的要求，棱镜应设计得小一些，以减轻重量和减小光能损失。为了减轻重量，常把棱镜中不通光的部分切去。

立体角锥棱镜的用途之一就是和激光测距仪配合使用。激光测距仪发出一束准激光光束，经位于测站上的立体角锥棱镜反射，沿原方向返回，由激光测距仪的接收器接收，从而计算出测距仪到测站的距离。

5. 光栅

这里所说的光栅主要指衍射光栅。光栅是利用多缝衍射原理使光产生色散的光学元件。它是刻有大量相互平行、等宽、等间距的狭缝（刻痕）的平面（或凹面）玻璃或金属片。它能产生亮度较小、条纹间距较宽的均匀排列的光谱。按其工作表面不同，光栅可分为平面光栅和凹面光栅；按其工作方式不同，可分为透射式光栅和反射式光栅；按其制作方式不同，可分为机刻光栅、全息光栅、复刻光栅等。目前，全息光栅应用非常广泛。

表征光栅性能的参数有：光栅常数、角色散率、分辨本领、衍射效率。

衍射光栅常用于光波长、位移的高精度测量（定位），这在光谱分析、应力分析、光信息处理等方面都有广泛的应用。

6. 偏振元件

常用的偏振器有根据反射、折射原理制作的偏振分光镜；用二向色性材料制作的人造偏振片（J、K、H、HK-偏振片）和利用晶体双折射制作的格兰-汤姆逊棱镜；等等。

图 2.11 所示为偏振分光镜。它是在两个直角玻璃之间交替地镀上高折射率 n_H 和低折射率 n_L 的膜层，然后胶合成一块立体棱镜。这些膜层起反射和透射型偏振器的作用。入射自然光垂直于棱镜表面，以 45°角（布儒斯特角）入射到多层介质膜上，经过膜层反射和折射，反射光和透射光垂直于棱镜表面分开 90°方向出射。

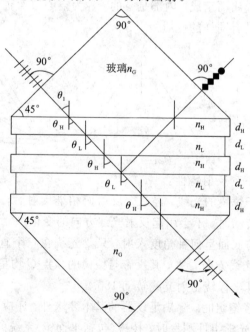

图 2.11　偏振分光镜

为了获取光束的最大偏振度，必须合理选取玻璃棱镜的折射率和膜层的材料、厚度及层数。显然，为使反射光在相邻材料（棱镜和薄膜）界面上的入射角等于布儒斯特角，以使反射光为线偏振光，膜层厚度的选取应使膜层上下表面反射光满足干涉加强条件。膜层的层数则取决于对反射光或透射光偏振度的要求。例如在偏振分光镜的每一个直角棱镜上镀上三层硫化锌和两层冰晶石，就可以使从偏振棱镜出射的反射光和透射光的偏振度达到 98％。

　　人造偏振片中有用二向色性材料如高碘硫酸奎宁和直链聚亚乙烯基碳氢化合物制作的 J-偏振片和 K-偏振片，以及利用二向色性原理制作的 H-偏振片。普遍使用的 H-偏振片如图 2.12(a)所示，图 2.12(b)为两个偏振器件(波片)，该偏振器件在整个可见光范围内偏振度可达 98％，但透明度低，在最佳波段上自然光入射时最大透射比为 42％，且对各色可见光有选择吸收，不适用于红外波段。但它的有效孔径角可达 180°，可以做得薄而大，且价廉，因此获得了广泛应用。K-偏振片最大的优点是性能稳定，能耐潮耐热，如把 H、K 的配料组合可以得到一种 HK-偏片，它是一种近红外的起(检)偏振器。

(a) 偏振片　　　　　　　　　　　　　(b) 偏振器件(波片)

图 2.12　偏振片和波片

　　图 2.13 是格兰-汤姆逊棱镜的截面图。用光学透明度较好的方解石制成两块直角棱镜，其光轴平行于入射光学平面，且与底面垂直，直角棱镜的斜面与直角面的夹角 θ 为 76°30′，用加拿大树胶将两块棱镜胶合成长方体。当光束垂直射于棱镜的光学平面时将分成寻常光线 o 光和非寻常光线 e 光。因为均没有发生偏折，所以 o 光、e 光两者仍沿一个方向传播，当它们传播到斜面上时，o 光发生全反射，然后被涂黑的侧面吸收，而 e 光直接透射到第二块棱镜内，这样从棱镜的另一光学平面出射的是直线偏振光。对于自然光来说，它的通光孔径角约为±13°。

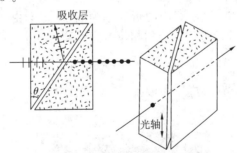

图 2.13　格兰-汤姆逊棱镜的截面图

　　这种棱镜的优点之一是光垂直棱镜入射时，出射的线偏振光不会发生旋转，因而在激光应用中经常被采用。应用中大功率的激光束可能会将加拿大树胶烧坏，故可以将 θ 改为 38.5°并用空气层来代替树胶(此时，通光孔径减小±7.5°左右)，这种应用空气间隙的格兰棱镜又称为格兰-傅科棱镜。它还能克服树胶对紫外线有强烈吸收这一缺点，因此用作起(检)偏振器还可以使透过光的光谱波段延伸到紫外线(λ ≥ 210 nm)。

　　在上述结构中，o 光在胶合面上全反射至棱镜侧面时，如果侧面吸收不好，必然有一部分 o 光经侧面反射回到胶合面处，并因入射角小于临界角而混到出射光中，从而降低了出射光的偏振度。所以在偏振度要求很高的场合，都是把格兰-汤姆逊棱镜制成如图 2.14 所示的改进型。

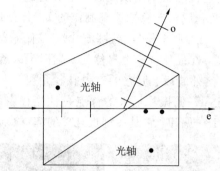

图 2.14　改进型格兰-汤姆逊棱镜

7. 波片

波片也称为相位延迟器，它能使偏振光的两个互相垂直的线偏振光之间产生一个相对的相位延迟，从而改变光的偏振态。波片在偏振技术和光电子技术中有重要作用。

波片通常是从单轴晶体上按一定方式切割的、有一定厚度的平行平面薄片，其光轴平行于晶片表面，设为 x_3 方向，如图 2.15 所示。

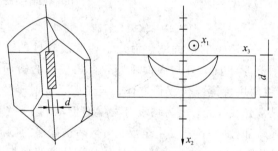

图 2.15　波片光路示意图

当一束线偏振光垂直入射到由单轴制作的波片上时，在波片中分解成沿原方向传播但振动方向互相垂直的 o 光和 e 光，相应的折射率为 n_o 和 n_e，由于两光在晶片中的速度不同，当通过厚度为 d 的晶片后产生相应的相位差为

$$\varphi = \frac{2\pi}{\lambda}(n_o - n_e)d \tag{2-5}$$

当 $\varphi = \pi/2$、π、$m\pi$ 时，分别对应 1/4 波片、1/2 波片和全波片。实验室常用的波片如图 2.16 所示。

图 2.16　波片

波片的性能指标：工作波段、通光孔径、精度。

实验室中用于氦氖激光器和半导体激光器的 1/2 波片和 1/4 波片的参数如表 2.1 所示。

表 2.1　部分 1/2 波片和 1/4 波片的参数

种　类	工作波段	通光孔径	精度
1/2 波片	632.8/650 nm	φ10 mm	150～300 nm
1/4 波片	632.8/650 nm	φ10 mm	150～300 nm

波片使用时的注意事项：

（1）入射光必须垂直入射到波片上。

（2）波片大小应与光源输出波长相匹配。

（3）波片的快慢轴应根据其输出偏振态调整到相应的方位上。

8. 滤光片

滤光片有干涉滤光片和普通滤光片之分。

干涉滤光片是根据光的干涉原理制成的。它是由两个金属反射层夹一介质或多层介质膜，用真空镀膜法制成的，当复色光照射到滤光片上时，光在介质层内经多次反射而发生干涉，只有很窄的波段才能通过，这个波段宽度称为通带。一般干涉滤光片的通带约为几纳米，窄的可达 0.1 nm；透过率在 20%～90% 之间，干涉滤光片有一个透过率最大的中心波长。

普通滤光片是在玻璃或透明胶片上镀上介质膜，从而对某些波段的光有吸收作用而不能通过。常见的有有色玻璃和染色胶片（这些也称为滤色片、滤色镜）等，如图 2.17 所示。

图 2.17　滤光片

光学元件的使用与维护：

光学元件表面加工（磨平、抛光）比较精细，有的还镀有膜层，而且光学元件又大都是由透明、易碎的玻璃材料制成的，因此使用时一定要十分小心，不能粗心大意。如果使用和维护不当，很容易造成不必要的损失，因此，做光学实验时必须遵守下列规则：

（1）必须在了解元件的使用方法和操作要求后，才能使用元件。

（2）光学元件的光学表面（光线在此表面反射或折射）经过精细加工，因此任何时刻都不能用手去触摸，而只能拿其非光学面，即磨砂面。

（3）不要对着光学表面说话、打喷嚏、咳嗽等，以免玷污光学表面。

（4）一般光学表面如有轻微的污痕或指印等，应在实验人员指导下用洁净的镜头纸轻轻擦拭干净，不得擅自用手帕、衣服或其他纸片擦拭。光栅和镀膜表面玷污更需要用特殊办法处理，虽然如此，其性能也很难恢复。

（5）光学表面如有灰尘，只能用实验室专备的脱脂毛笔轻轻抹去，或用橡皮球将灰尘吹去，切不可用其他物品擦拭。

（6）光学元件多为玻璃制品，使用时要轻拿轻放，勿使元件碰撞，更要避免摔坏，暂时不用或已用完的元件，要放回盒中原处。在暗室中操作应更加小心谨慎。摸索时，手要贴着桌面，动作要轻缓，以免碰到或带落元件。

2.2　机　械　部　件

1. 光学镜架

图2.18所示是一种典型的三维小镜架，装有光学元件（如反射镜、扩束镜等）的镜框用螺丝固定在镜座1内。螺杆2和8、螺母6分别用于方向微调、俯仰微调和高度微调。增减垫块3可作高度粗调，调整完毕后用螺钉锁紧。磁性座4可将整个镜座牢牢地吸在台面上，扳动磁性开关可使磁路闭合，吸力消失。

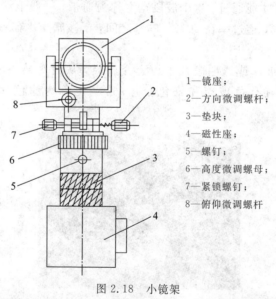

1—镜座；
2—方向微调螺杆；
3—垫块；
4—磁性座；
5—螺钉；
6—高度微调螺母；
7—紧锁螺钉；
8—俯仰微调螺杆

图2.18　小镜架

2. 干板架

信息光学实验多用全息干板作为记录介质，夹持全息干板的干板架分一般干板架和干板复位架两类。一般干板架用于干板不需要复位的场合。它是在载物台上铣出一条比干板厚度宽一些的直槽，全息干板插在槽中，用螺钉从侧面夹紧。为了避免螺钉夹紧处应力集中致使干板破碎，应在干板与螺钉之间放置一块小衬板。对干板架的要求是干板夹紧后能与台面垂直。典型的干板架装置如图2.19所示。

图2.19　典型的干板架装置

干板复位架用于全息干板需要高精度复位的场合，如全息干涉的实时法、图像识别中的匹配滤波器以及解卷积等实验。

干板复位架主要由动片和定片组成，如图 2.20 所示为一种典型的六点定位的复位架。复位架的基本指标是复位精度。采用六点定位法原理的复位架，其复位精度可达 $1 \sim 2 \ \mu m$，可满足一般信息光学实验的要求。

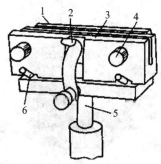

1—定片；2—弹簧压片；3—动片；4—螺钉；5—插杆；6—定位柱

图 2.20　干板复位架装置

使用复位架的注意事项如下：

（1）全息干板要夹牢，冲洗过程中不能碰撞。

（2）插杆应牢牢紧固在插座内，底座应与台面吸牢，操作过程中不能碰撞。

（3）动片应轻拿轻放，复位时应保证六个定位点均接触良好，使其处于稳定的位置上。

3. 光纤耦合器

光纤耦合器是光纤系统中应用很多的无源器件，主要用于两根或多根光纤之间重新分配能量的连接，即把一个光纤信号通道的光信号传递到另一个信道中。其损耗也是光纤系统的重要组成部分。实验中常用的光纤耦合器如图 2.21 所示，系 APEC - 3A 和 APEC - 3AT 精密光纤耦合器，其底座设计为双轴倾斜调整功能，在调整入射光与显微镜同轴时尤其方便。其相关产品有：光纤卡头、显微物镜、针孔光阑。

图 2.21　光纤耦合器

其技术指标为：

T_x：6 mm

T_y：±2 mm　　显微物镜调整范围：13 mm；

T_z：±2 mm　　双轴倾斜调整范围：±4°；

θ_y：±4°　　　自重：0.6 kg。

θ_z：±4°；

4. 光纤调整架

光纤调整架用来克服耦合漂移问题及振动干扰问题对耦合效果的影响,其主要零部件采用热稳定性优越的不锈钢,采用交叉滚柱导轨实现位移,完全刚性调整,稳定性极佳。其常用装置如图 2.22 所示,该图所示为 APFP - XYZ 三维调整架,其上配有燕尾座,可固定光学器件安装座,或更换光纤卡座,该装置分左右手型号(左手型号为 APFP - XYZL)。

图 2.22　光纤调整架

光纤调整架的技术指标为:

T_x: 12 mm　　　　　　偏摆:<100 urad

T_y: 12 mm　　　　　　承重: 2.3 kg

T_z: 6 mm　　　　　　　光路中心高: 79 mm

2.3　常用光源

光源是光学实验中不可缺少的组成部分,对于不同的观测目的,常需选用合适的光源,如在干涉测量技术中一般应使用单色光源,而在白光干涉时又需用能谱连续的光源(白炽灯);在一些实验中,对光源尺寸大小还有点、线、面等方面的需求。光学实验中常用的光源可分为以下几类。

1. 热辐射光源

热辐射光源是利用电能将钨丝加热,使它在真空或惰性气体中达到发光的光源。白炽灯属于热辐射光源,它的发光光谱是连续的,分布在红外光、可见光到紫外光范围内,其中红外成分居多,紫外成分很少,光谱成分和光强与钨丝温度有关。热辐射光源包括以下几种:

(1)普通灯泡。这类光源通常作为白色光源或照明用。使用时要按灯泡上注明的电压和功率选用。实验室中也经常在普通灯泡前加滤色片或单色玻璃,以得到所需要的单色光,例如暗室中使用的三色光。

(2)汽车灯泡。这类光源通常与普通白炽灯泡的差异仅在灯丝的结构上,其灯丝的线度小,亮度强,适于用作点光源。

(3)卤钨灯。碘溴等卤族元素能和钨结合,但高温时又极易分解。把它们充入普通灯泡中它们能和蒸发在泡壳上的钨结合成化合物,这些化合物在灯丝附近因高温而分解,可使钨重新回到钨丝上,这就是卤钨灯的发光机理。因此卤钨灯在使用很长时间之后,也不会由于钨丝蒸发而使泡壳发黑以致影响发光强度和使用寿命。卤钨灯的另一特点是泡壳小而坚固，使实验室中的光学系统小型化。

2. 热电极弧光放电型光源

这类光源的电路基本上与普通荧光灯相同，必须通过镇流器接入 220 V 电源，它是电流通过气体而发光的光源。下面介绍两种实验中常用的单色光源。

1）钠光灯

钠光灯（如图 2.23 所示）的发光物质是钠，它的谱线在可见光范围内有两条波长非常接近的强光谱线，它们的波长分别是 589.0 nm 和 589.6 nm，在很多仪器中，这两条谱线不易分开。钠光灯作为单色光源使用时，其单色光波长取 589.3 nm。

图 2.23　钠光灯及其电源

使用钠光灯的注意事项如下：

（1）钠光灯点燃后等一段时间才能使用，一旦点燃不要轻易熄灭，否则影响灯泡寿命。点燃过程中（包括断电后但灯泡尚未冷却时）不要颠倒，摇动。

（2）钠光灯有一定寿命，使用时要节省，应尽量集中使用。

（3）钠光灯灯管中充有金属钠，钠是极活泼的金属，因此对好的、废的灯管都要妥善保管，不得随意打碎。

2）汞灯

汞灯（如图 2.24 所示）的发光物质是汞蒸气，点燃稳定后发出绿白色光，它的光谱在可见光范围内有几条分立的谱线，现列于表 2.2 中。

图 2.24　汞灯及其电源

表 2.2　汞灯的谱线

λ/nm	623.4	579.0	577.0	546.1	491.6	435.8	407.9	404.7
颜色	橙	黄	黄	绿	绿蓝	蓝	蓝紫	紫

使用汞灯的注意事项如下：

（1）汞灯熄灭后，不能马上点燃，必须等灯管冷却、水银蒸气压降到一定程度才能再次点燃。

（2）汞灯辐射紫外线较强，会灼伤眼睛，故不能直接注视汞灯。

（3）汞是有毒的，故灯管不能乱放，更不能将灯管打碎。

3. 激光光源

激光光源的发光机理是受激发射而发光，不同于普通光源的自发发射而发光。激光器发出的光束有极强的方向性，即光束的发散角很小；有极好的单色性和相干性；输出功率密度大，即能量高度集中。所以激光光源是一种单色性和方向性都较好的强光源，是进行全息照相和光学信息处理的一种理想的相干光源。

1) 氦-氖激光器

氦-氖激光器是最典型的惰性气体原子激光器，它输出的是连续光。主要谱线有632.8 nm、1.15 μm、3.39 μm，近来又向短波方向延伸，获得橙光（612 nm、604 nm）、黄光（594 nm）和绿光（543 nm）等谱线。该种激光器的输出功率只有毫瓦级（最大到 1 W），但它们的光束质量很好，发散角小（1 mard 以下），接近衍射极限；单色性好（带宽小于20 Hz）；稳定性高，频率稳定度最高达 5×10^{-15}，频率重复性为 3×10^{-14}，功率稳定度小于 $\pm 2\%$；加之输出光是可见光，适于在精度计量、检测、准直、导向、水中照明、信息处理、医疗以及光学研究等方面应用。

氦-氖激光器由放电毛细管、储气套、电极和谐振腔等组成。它的结构大致有如图 2.25 所示的几种基本形式。

（1）内腔式（见图 2.25(a)）：这种结构的激光器其两块反射镜直接贴在放电管两端。该结构的特点是使用方便，不用调腔。缺点是放电发热或外界冲击使其发生形变所导致的谐振腔失调是无法校正的。所以，这种激光器只适用于做短管的结构。

（2）外腔式（见图 2.25(b)）：这种结构的特点是谐振腔的两块反射镜与放电管分开，放电管的两端用布儒斯特窗密封构成反射最小的光通路。当工作过程中形变较大或需在腔内插入其他光学元件或需偏振光时，可用外腔式激光器随时调整反射镜的位置到最佳震荡条件，以便开展多种研究与应用。这种激光器适用于做长管结构；其缺点是腔易变动，需经常调整，使用不方便。还由于其有布氏窗片，腔损耗增大，会使功率有所下降。

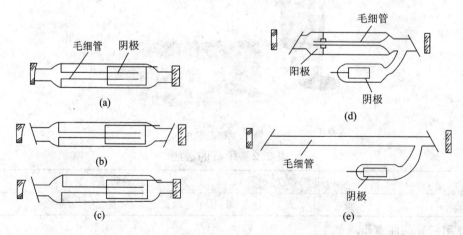

图 2.25 氦-氖激光器的几种基本结构

（3）半外腔式（见图 2.25(c)）：这种激光器一端采用内腔结构，另一端用布氏窗密封，放电管与反射镜分开。这种结构兼有前两种结构的优点，适于作为有特殊要求的小型激光器的结构。

（4）旁轴式（见图 2.25(d)）：这种激光器的阴极与放电管不同轴。它的优点是阴极溅射不至于污染镜片，器件寿命增长；缺点是体积较大，不易携带。

（5）单毛细管式（见图 2.25(e)）：这种结构便于沿管壁加非均匀磁场，抑制较强谱线的输出，适于在较长激光器中采用。

使用氦-氖激光器的注意事项如下：

（1）激光器两段式光学谐振腔需要保持清洁。

（2）点燃时，辉光电流不得超过额定值，若辉光电流低于阀值则激光易于闪烁或熄灭。

（3）激光电源为高压直流电源，使用过程中应防止触电。

（4）激光器正负极不能接反。

（5）为了防止损伤眼睛，不能正视激光束，实验者应带激光保护镜。

2）半导体激光器（LD）

半导体激光器使用半导体材料做激光工作物质，如单元素的碲，双元素的砷化镓、硫化锌等，三元素的铟镓砷、铅硒碲等。图 2.26(a) 为砷化镓激光器的示意图，图 2.26(b) 为其外形配套图。其主要部分是一个 P-N 结，形状为长方形，长约 $250~\mu m$，宽约 $100~\mu m$。

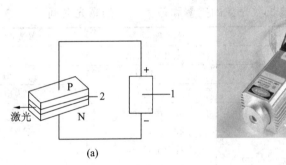

(a)　　　　　　　　(b)

图 2.26　砷化镓激光器

整个激光器的体积只有针孔大小。他的两个端面磨光，并互相平行，构成谐振腔的两个反射镜。当 P-N 结两端不加电压时，N 区中的多数载流子——电子与 P 区中的多数载流子——空穴互相扩散，形成一个内建电场，使 P-N 结相当于一个阻挡层。当 P-N 结上加正向电压，即 N 极接负极、P 极接正极时，阻挡层被削弱，注入 N 区的大量电子流向 P 区，并在结区内与空穴复合，放出光子而形成激光。与其他激光器相比，半导体激光器的体积最小，重量最轻，与其他光学元件一起可实现集成光路。但它的功率最小，发散角大，单色性差，输出特性受温度的影响比较明显。实验室中用的半导体激光器，其输出光波长为 650 nm，带宽为 0.2 nm，输出功率为 3～40 mW（可选）。各种光纤耦合半导体激光器，其输出波长为 808～980 nm，输出功率为 10～50 W，扩散角为 0.22 NA（数值孔径）。准直半导体激光器，其输出波长为 808～980 nm，输出功率为 32～100 W，扩散角为 12×6～175×2 mrad。

在正常条件下使用的半导体激光器有很长的工作寿命，然而，在不适当的工作或存放条件下，会造成性能的急剧恶化乃至失效。半导体激光器的突然失效系有 P-N 结被击穿或用作谐振腔面的解理面遭受破坏而造成，视击穿或破坏的程度而表现为输出功率减少或无输出。

3）激光安全防护

普通照明光源发出的光是发散的，其亮度一般不高，这些光源在人眼视网膜上所成的像有一定的大小，功率密度较低，一般不会对人眼造成伤害。

由于激光的固有特性（方向性好、亮度高、传输损失小等）和人眼的成像功能，激光对人体，特别是对眼睛存在着潜在的危险。因此不仅大功率激光器会对人体构成威胁，即使是小功率激光束也会对人眼造成损伤，特别是不能为人眼所察觉的红外激光束，更易对人眼造成意外伤害。对人眼损伤的程度取决于激光波长、人眼受激光作用的时间和剂量（单位面积上的激光功率或能量），蓝光或绿光对人眼损伤最厉害，对人眼安全的波长是 $2\sim3\ \mu m$。由于人眼本身的透镜作用能将入射光聚焦到视网膜上，因此即使是小功率激光束也能以大的功率密度损伤视网膜。表 2.3 列出的是一些目前常见的激光器的波长，对人眼的损伤只与激光的波长和辐射剂量有关而不取决于产生这一辐射波长的工作物质。因此，对目前的半导体激光器或通过波长转换所得到其他波长的激光辐射也可参考表 2.3。不论在何种情况下，都应避免用人眼直接正视激光束。为防止反射光的影响，进行大功率半导体激光器操作的人员宜佩戴特制的防护眼镜。

表 2.3　不同波长激光束的剂量和最大允许的曝光时间

激光器	波　长	曝光能量密度	曝光时间
ArF 准分子	193 nm	3.0 mJ/cm²	8 h
XeCL 准分子	308 nm	40 mJ/cm²	8 h
氮分子	334 nm	1.0 J/cm²	8 h
氩离子	488 nm,514.5 nm	3.2 mW/cm²	0.1 s
氦-氖	632 nm	2.5 mW/cm²	0.25 s
氪离子	568 nm,647 nm	1.8 mW/cm²	1.0 s
		1.0 mW/cm²	1.0 s
倍频 Nd:YAG	532 nm	0.5 μJ/cm²	1 ns～18 μs
红宝石	694.3 nm		
半导体 CaAlAs	850 nm	1.0 μJ/cm²	1 ns～18 μs
		2 mW/cm²	10 s
Nd:YAG	1064 nm,1334 nm	5.0 μJ/cm²	<1 ns
		5 mW/cm²	1 ns～50 μs
		40 mW/cm²	10s(1064 nm)
			10s(1334 nm)
HO,Tm:YAG	1.9～2.2 μm	100 mW/cm²	10 s～8 h
		10 mW/cm²	>10 s
一氧化碳	约 5 μm	100 mW/cm²	10 s～8 h(有效面积)
二氧化碳	10.6 μm	10 mW/cm²	>10 s(整体曝光)

为保护眼睛免受激光损伤，实验时应注意如下事项：

（1）绝对不可以用眼睛直视激光束，不要使激光束指向任何人的眼部附近，激光光源不许和人眼等高。即使激光器关闭的情况下也不要用眼睛窥视激光器窗口。

（2）特别注意二次光（包括反射光、折射光和漫反射光）对人眼的伤害。直射激光束十分危险，但一般人们很重视，而二次光往往不太引起人们的注意，所以其危险性更大。为了避免二次光对人体的伤害，在操作前应认真检查光路的所有机械，特别是光学元件的位置，一切不必要的镜面物体应远离光路。调整光路时，特别是在调整反射镜时，不要让激光束到处反射以伤害别人。在一般的实验室，激光束的高度一般在人坐下后与眼睛的高度差不多，所以在实验室里坐下时要特别小心。

（3）不允许借助有聚光性能的光学部件（如望远镜、显微镜等）直接观察激光束或其镜面反射光。

（4）在允许范围内暗室应有适当的照明，这样可使人眼瞳孔缩小，以减小由于偶然事故造成人眼损伤的可能性。

（5）条件允许时实验人员可佩戴专用的激光防护镜，不能用一般的太阳镜来保护眼睛。总之，激光是有危险的，但只要遵守上述事项，时时处处注意防护，就会是很安全的。

2.4　光 电 转 换 器

1. 光电池

光电池（如图 2.27 所示）是利用光生伏特效应将光能直接转换成电能的器件。通常将光电池的半导体材料的名称冠于光电池名称之前以示区别，如硒光电池、硅光电池、砷化镓光电池等。

图 2.27　光电池

光电池的输出可取电动势的形式或取电流的形式。光电池的开路电动势与光的照度并非呈线性关系，取电流形式时，要注意使用最佳负载。当外接负载小于光电池内阻时，光电流与照度呈线性关系。光电流还与受光面积成正比。不同种类的光电池转换效率不同，例如硒光电池的转换效率为 0.02%，硅光电池的转换效率可达 10%～15%，砷化镓光电池比硅光电池略高。同一个光电池转换效率也与负载有关，存在所谓最佳负载。

不同种类的光电池的光谱响应特性也不相同，比如硒光电池在波长为 300～700 nm 的光谱范围内有较高灵敏度，峰值在 540 nm 附近。硅光电池在波长为 400～1100 nm 的光谱范围内有较高灵敏度，峰值在 580 nm 附近。可见硅光电池的应用范围较宽。

当使用调制光作为照射光时，还要注意光电池的频率响应特性，即输出电流与调制光频率变化的关系。硅光电池的输出电流几乎与调制频率无关，而硒光电池的输出电流随调制频率的增大很快下降。

2. CCD 器件

CCD 是英文 CHARGE COUPLED DEVICE 的缩写，意为电荷耦合器件，它是一种以电荷量反应光亮大小，用耦合方式传输电荷量的新型器件，其外形结构如图 2.28 所示。它是 20 世纪 70 年代发展起来的光电转换器件，能把光图像转换为电信号。CCD 成像器件具有广泛的用途，它作为图像传感器件，在摄像方面的用途十分广泛，例如在航空遥感、电视监督、跟踪制导、粒子探测、传真等方面都有具体应用。在测量方面的用途也愈来愈广，例如光谱测量、长度测量、激光光斑能量分布测量等。在信息处理、图像识别、文字处理等方面也得到了广泛应用。

图 2.28　CCD 器件

　　CCD 的结构与 MOS 器件基本类似。半导体硅片作为衬底，在硅表面上氧化一层二氧化硅薄膜，再上面是一层金属膜，作为电极。用于图像显示的 CCD 器件的工作过程大致如下：用光学成像系统将景物成像在 CCD 的像敏面上，像敏面再将照在每一像敏元的照度信号转变为少数载流子密度信号，在驱动脉冲的作用下顺序移出器件，成为视频信号输入监视器，在荧光屏上把原来景物的图像显示出来。可见，这种 CCD 的作用是将二维平面的光学图像信号转变为有规律的连续的一维输出视频信号。

　　CCD 有线列与面列两种结构，分别对应于光敏元件排成直线和矩阵两种情形。线列 CCD 可以直接接受一维光信息，却不能直接将二维图像转变为视频信号输出。为得到整个二维图像的视频信号，就必须用扫描方法来实现。面阵 CCD 可用于检测二维平面图像。CCD 具有体积小、重量轻、失真度小、功耗低、可低压驱动、抗冲击、抗振动、抗电磁干扰能力强等优点。但其分辨率及图像质量方面不及电磁摄像管。硅衬底的 CCD 光谱响应限定在 $0.4 \sim 1.2~\mu m$ 范围内。

　　CCD 器件的主要性能指标如下：

　　(1) 分辨率。用做测量的器件最重要的参数是空间分辨率。CCD 的分辨率主要与像元的尺寸有关，也与传输过程中的电荷损失有关。目前 CCD 的像元尺寸一般为 $10~\mu m$ 左右。

　　(2) 灵敏度与动态范围。理想的 CCD 要求有高的灵敏度和宽动态范围。灵敏度主要与器件光照的响应度和各种噪声有关。动态范围指对于光照度有较大变化时，器件仍能保持线性响应的范围，它的上限由最大储存电荷容量决定，下限由噪声所限制。如 TCD1206UD 的动态范围约为 1500。

　　(3) 光谱响应。这里指 CCD 光谱响应的范围。目前硅材料的 CCD 光谱响应范围约为 $400 \sim 1100~mm$。

（4）几种 CCD 成像器件：

CCD133/143，美国仙童公司生产，分为 1024 和 2048 线对 CCD 图像传感器，驱动速度为 20 MHz。它的特点是蓝光效应应用得到了增强。

CCD222，仙童公司生产，为 488×381 面阵图像传感器。水平分辨率每线 380 像元，垂直分辨率为 488 线，有效光敏区为 $8.8×11.4\text{mm}^2$，最高视频速率为 20 MHz，帧传速度为 90 Hz。

美国 RETICON 公司生产的 CCD 有 C 系列的线阵图像传感器：128、256、384、512、768、1024 线，功耗为 3 mW，驱动速度达 10 MHz；还有 S 系列线阵图像传感器：128、512、1024 线，S 系列比 C 系列有所改进，功耗为 1 mW，时钟为 2 MHz。

（5）使用注意事项如下：

① CCD 工作电源为直流 12 V，正负极性不要搞错。

② 切勿使 CCD 视频输出短路。

③ 凡用于 CCD 测量的仪器设备均需良好地接地。

④ 在进行 CCD 实验的过程中，禁止用带电的烙铁焊接任何连线。

⑤ 在加电压的情况下，千万不要动 CCD 芯片。

⑥ 实验过程中如遇到意外事故，应先关闭电源。

2.5　光路调试技术

在光学实验中，光学元件同轴等高的调节是实验中必不可少的一个重要环节，它关系到成像质量的好坏、能否得到预期的光学现象和满意的测量结果。可以说调整好光路是进行光学研究和光学实验应具备的技能。下面介绍光路的基本调整方法。

1. 激光光路的调试

根据设计好的光路选择合适的光学部件，包括光学原件的孔径、焦距、放大倍率、透过率、表面精度以及光具架的调解机构等，以便把这些光学元件按光路图要求方便准确地定位到适当的空间位置上。为避免浪费光能，应尽量避免用大倍数扩束镜代替小倍数扩束镜。

光学元件应安装在具有调节机构（包括调节维数、调节范围和调节精度等）的光具架上。光具架的调解机构应连续平稳、定位稳定、锁紧不变。使用前应轻轻晃动光具架的各个结合部，检查其是否稳定。调整光路前应先将所有的微调螺钉调至中间位置，使之留有足够的调节量。

调整光学实验光路的基本原则，就是必须保证整个光路的光轴都在平行于工作台面的一个平面内。为此，不仅要求激光器的输出光束在一标准高度上与工作台面平行，而且要求所有的光学部件的中心高度等于标准高度。调整步骤如下：

（1）首先把激光器的输出光束升降到标准高度上。这种调节可以通过升降整个激光器来达到，也可以借助于两个带有俯仰装置的反射镜来实现，或者采用专用的"光束升降器"来调整。

（2）然后调节所有光学元件的中心高度，使调整过的激光束或其主光线先通过各光学元件的中心。

（3）将各光学部件逐个放到激光细光束中，用镜头纸观察其表面反射的激光束是否与入射的激光束中心重合，否则应调节俯仰装置使二者严格重合。

（4）最后按照实验光路图布置好各光学部件的位置，并观察光路系统中由各光学元件表面（包括平面和球面）反射和投射产生的一系列自准像点，使它们处于标准高度的一条直线上，以便使光学系统成为共轴系统。

2. 扩束镜的调节

如图 2.29 所示，在扩束镜 L_0 前方有一个中心带孔的纸屏 P_1，孔的直径约为 3～5 mm，让激光细光束无遮挡地通过。扩束镜后放置一个光屏 P_2。纸屏 P_1 和光屏 P_2 离扩束镜的距离为 5～50 cm。先粗调扩束镜的两个横向平移（x，y 向），使光屏 P_2 上的光斑尽可能成为一个平滑的高斯型光斑。然后在纸屏 P_1 上仔细寻找类似于牛顿环的干涉光环。这个干涉光环是由扩束镜的前后两个表面对入射光的部分反射在屏 P_1 上后相干干涉形成的。这个干涉光斑光强很弱，且还可能由于没有调整好而使光环中心远离光轴，故应仔细寻找。找到光环，哪怕是找到很微弱的局部光环之后，仔细调整扩束镜的两个旋转微调旋钮，直到光环中心与光轴重合为止。通常要反复几次调整平移和旋转微调旋钮，才能使屏 P_1 上的光环中心与光轴重合，且屏 P_2 上的光斑均匀不偏。

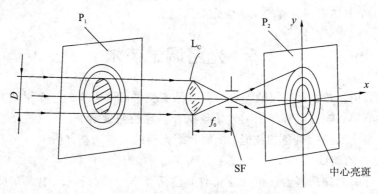

图 2.29　扩束镜和针孔滤波器的调整

3. 针孔滤波器及其调整使用方法

在激光系统中，常在扩束镜后焦点上放置针孔滤波器 SF 对光束进行空间滤波，滤去由于扩束镜上的灰尘等赃物所引起的衍射光，以改善光束质量，提高处理的效果。

扩束镜通常是短焦距的凸透镜或显微镜。它先把激光束会聚于后焦点上，然后再从焦点发散开来。针孔滤波器的空间滤波就在焦点处进行。如果扩束镜没有像差，也不存在灰尘的衍射，则会聚光点的直径是很小的。从空间频谱的概念来看，这相应于光斑的零频成分。而光斑中那些不均匀的部分，如各种环状衍射结构，对应于光束的高频成分，它们将出现在扩束镜后焦面上远离焦点的地方。因此，如果把直径很小（一般为 5～40 μm）的针孔置于焦点上，只让零频通过而挡掉高频成分，则在针孔后的光场将是非常均匀的，那些相当于高频成分的衍射环即会消失。但是空间滤波器的加入会损失一部分光能量。

为了得到质量优良的光束，同时又不使光能损失太多，应选用孔径合适的针孔滤波器进行空间滤波。针孔是在扩束镜后焦点处工作的。其孔径 d 应等于后焦面上衍射图样中心的艾里（Airy）斑直径，即针孔直径

$$d = \frac{1.22\lambda}{D}f_0 \qquad\qquad (2-6)$$

式中：f_0 为扩束镜的焦距；D 为扩束镜上激光束的实际通光孔径；λ 为激光波长。

激光束的能量为高斯型分布。由于高斯光束的束腰宽度决定了激光束存在一个平均发散角，发散角的存在将使聚焦光斑的面积增大。考虑这一因素后，滤波孔径 d 应按下式计算

$$d = \frac{2\lambda}{D}f_0 \qquad\qquad (2-7)$$

例如，设 $D=1.55$ mm，$f_0=16$ mm，$\lambda=0.6\times10^{-3}$ mm，则按式（2-7）计算得到 $d=13$ μm。实际上，为了不至于使光能损失太多，通常采用 $15\sim20$ μm 的针孔滤波器。

针孔滤波器的调整与使用方法如下：

在放入针孔滤波器之前，应首先调整好扩束镜。

将选择好的孔径合适的针孔滤波器安装在针孔微调器上，再将针孔微调器安装在一维平移台上。针孔微调器具有 x 方向和 y 方向二维微调，一维平移台完成 z 方向的平移微调。先用可移动的光屏寻找扩束镜的后焦点位置，然后在焦点附件放置针孔滤波器。由于各方向的平移微调范围有限，粗调时就应使针孔尽可能置于焦点处，且三个微调均置于可调范围的中部。粗调完毕后将整个部件紧锁在台面上。

仔细微调 x、y 方向的平移，人眼在针孔后对着针孔观察透过针孔的光，使透过的光最强，整个针孔边沿发亮。若看不到从针孔透过来的光，则表明针孔不在光场之内。此时可采用离焦法使针孔沿 z 轴方向离开焦点位置，移动几个毫米再观察，这时，由于针孔位于较大的光场中，比较容易将针孔调到光轴上。如果这时无论如何调整轴向位移仍然观察不到从针孔透过来的光，则应将针孔滤波器取下，并用显微镜检查是否小孔堵塞。如果只是被尘埃堵塞，可用吹气球把尘埃吹出。若吹不掉，则要进行清洗。清洗方法有三种：用溶剂—铬酸—蒸馏水腐蚀清洗；置于有机溶剂或蒸馏水中用超声波清洗；用酒精灯火焰烧灼。

当调整到透过光最强的位置上后，在针孔后面放置光屏 P_2。依次逐个微调 x、y、z 三个方向上的平移，使针孔向聚焦点靠近，在屏 P_2 上将出现圆孔衍射的艾里斑。继续微调各个方向的平移，使针孔与焦点重合，艾里斑的中心光斑将越来越大，最后形成均匀亮场，此时针孔处于最佳位置。越接近于最佳位置就越要仔细调节，三个方向上的微调只能一个一个地进行，不要两个同时调节，且尽可能不要调节过头。

以上各步骤并不都是必要的。当第一次安装或过分失调时，需按上述步骤调节。如果只是光束质量差一些，则只要按后几个步骤调节就可以了。一般只要进行微调扩束镜的旋转微调和针孔滤波器的三个平移微调，使屏 P_1 上的光环对正，同时屏 P_2 上的光斑均匀即可。在实际使用过程中，由于各种原因，光斑质量有时会发生变化，因此要经常检查，随时调整，使之始终处于最佳工作状态，以发挥其最好的效能。在使用时要多观察判断，掌握调整规律，尽量避免大范围的盲目调节，以便节省时间并得到好的效果。

4. 准直光束的获得与检测

在光学实验中，经常要用到准直性良好的平行光束。这可以在扩束镜 L_0 和针孔滤波器 SF 之后加入准直透镜 L_C 来获得。准直透镜的前焦点应与扩束镜的后焦点重合，并且二者

的光轴也应一致,如图 2.30 所示。准直透镜通常使用口径较大、焦距较长的双胶合透镜,这样可以获得截面较大的光束,以便处理较大些的图像。在要求不太高的实验中,也可使用单片的正透镜作为准直透镜。

1) 准直透镜的调整

(1) 置准直透镜 L_C 于扩束后的光路中,使其曲率半径较大的一面对向扩束镜,不可反向放置。如果准直透镜是双胶合透镜,则应使负透镜对向扩束镜,以使其球差最小。准直透镜的中心高应与光束的标准高度一致。

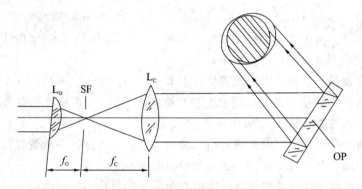

L_O—扩束镜;SF—针孔滤波器;L_C—准直透镜;OP—平晶

图 2.30　准直光束的获得与检测

(2) 粗略移动准直透镜,使其前焦点大致与扩束镜的后焦点(即针孔位置)重合。

(3) 在准直透镜后面放置光屏,观察输出光斑与准直透镜边框的影子,并横向平移准直透镜使光斑处于框影的中央位置。

(4) 旋转准直透镜,使其光轴与光束主光线方向一致。方法是从扩束镜前面顺着激光传播方向观察随准直透镜光轴转动的三个光点。这三个光点是由准直透镜三个球面表面部分反射回来的光形成的。当这三个光点所形成的直线与激光束光轴方向重合时,就可认为准直透镜的光轴方向已经调好。

(5) 沿光轴方向微调平移准直透镜,使从准直透镜输出的光为平行光束。

上述(3)、(4)、(5)项调整步骤要反复进行才能最后调好。

2) 准直光束准直度的检测

从激光器输出的激光束通常具有一定的准直度,经过扩束和准直后,不但光束直径增大,而且准直度也有所改善。设激光束原来的准直度为 φ_0,扩束镜的焦距为 f_0,准直透镜的焦距为 f_C,则理论上准直光束的准直度为:

$$\varphi = \frac{f_0}{f_C}\varphi_0 \tag{2-8}$$

通常 $f_0 < f_C$,故 $\varphi < \varphi_0$。准直光束的实际准直度取决于准直透镜的质量和调整精度。

准直光束准直度的检测方法有光斑法、自准直法和剪切干涉法等(在信息光学和物理光学实验中,光束平行性要求高时,都使用剪切干涉法进行调整)。

光斑法检测准直光束准直度的步骤如下:

在准直透镜后面近处和远处垂直于光轴的平面上分别放置光屏,并分别量取在这两个光屏上的光斑直径 d_1 和 d_2,然后按下式计算光束的准直度

$$\varphi = \frac{d_1 - d_2}{L} \tag{2-9}$$

式中，L 为两光屏之间的距离。

轴向调节准直透镜的位置，使得 $d_2 = d_1$，此时光束准直度最好，准直透镜处于最佳位置。

光斑法需多次测量近处和远处光屏上的光斑直径，调整工作不大方便，而且由于激光束的高斯性质，光斑直径不易测准。因而，此法一般只在粗调时使用。这时并不对光斑直径作精准测量，只是用人眼直接估计远近两位置上的光斑大小，当认为大致相等时再用剪切干涉法精调。

先不放置针孔滤波器，将 带小孔的纸屏放在扩束镜的后焦点上，让激光束从纸屏的小孔中无阻地通过。在准直透镜后放置一块平面反射镜，使准直透镜输出的光束反射折回，再经准直透镜会聚到纸屏上。调节反射镜使会聚光斑位于小孔的近旁。当前后移动准直透镜时，屏上的会聚光斑的大小会发生变化。当光斑最小时即认为已经调整好。这可以从光路的可逆性来解释。当准直透镜的前焦点与扩束镜的后焦点重合时，准直透镜输出的是平行光束，经反射镜反射后仍以平行光束经过准直透镜，因而必然恰好会聚于前焦面上，光斑直径最小。如果准直透镜没有调整好，准直透镜输出的将是发散（或会聚）光束，由平面反射镜返回的也是发散（或会聚）光束，这时返回的光束经准直透镜后将会聚在光屏的后面（或前面），而在纸屏上的光斑必然最大。

第 3 章　教学实验中的验证性实验

现代光学实验开始于 19 世纪 60 年代,那时麦克斯韦建立了统一电磁场理论,预言了电磁波的存在并给出了电磁波的波速公式,随后赫兹用实验方法产生了电磁波。光与电磁现象的一致性使人们确信光是电磁波的一种,光的古典波动理论与电磁理论融成了一体,产生了光的电磁理论。但它并非十全十美,在关于光与物质相互作用的问题上涉及微观粒子的行为,必须用量子理论才能得到彻底的解决。继普朗克提出傅里叶能量子概念,成功解释黑体辐射规律之后,爱因斯坦针对光电效应实验与经典理论的矛盾,提出了光量子假说,随后玻尔的原子理论、德布罗意的波粒二象性、薛定谔的波动方程等推动了量子力学的建立。特别是 19 世纪 60 年代激光器的问世,近代光学进入了一个崭新的阶段,派生出"量子光学"、"非线性光学"和"纤维光学"等新的学科。

实验是根据研究目的,运用一定的物质手段,通过干预和控制科研对象而观察和探索科研对象有关规律和机制的一种研究方法,是人们认识自然和进行科研研究的重要手段。

光学验证性实验课程是高等院校物理专业最基本的实训研究课,它对于培养学生的动手实践能力,启发学生思维,培养良好的科学素质及严谨求实的科学作风、创新精神,提高进行科学实验工作的综合能力,包括实际动手能力、分析判断能力、独立思考能力、革新创造能力、归纳总结能力等起着极其重要的作用。验证性物理实验的教学目的,是在学生具有一定实验能力的基础上,通过独立分析问题、解决问题,使学生把知识转化为能力,为日后进行毕业设计、写科研成果报告和学术论文,进行初步训练。这对激发学生的创造性和深入研究的探索精神,培养科学实验能力,提高综合素质有重要作用。

验证性实验,就是应用物理思想研究合理的实验程序和方法,研究如何合理控制各因素在实验中的条件和参量,以得出最好的测量结果。验证性实验还研究在各种条件下存在最佳方案的可能性,并研究如何得出最佳方案。学生做验证性实验是一种创造性劳动,他们必须利用所学的专业知识和实验技能,根据实验任务自己搜集资料、设计实验方案、选配仪器、调节测量、完成实验,分析结果、写出报告,整个过程具有一定的探索性。

3.1　几何光学测量焦距实验

随着我国光学工业的不断发展,特别是新型的光电结合的仪器越来越多,光学实验的测量也越来越系统化、集成化,但光学实验总是离不开光学元件的设计、加工和检验。几何光学实验系统可以对一些光学元件进行检验,也可以实现部分实验设计。

一、实验目的

(1) 掌握简单光路的分析与调整方法。

(2) 了解、掌握自准直法测凸透镜焦距的原理和方法。

（3）了解、掌握位移法测凸透镜焦距的原理和方法。

（4）了解、掌握用测量物像放大率来求目镜焦距的原理和方法。

二、实验仪器

带有毛玻璃的白炽灯光源、品字形物像屏、凸透镜、反射镜、滑座、二维调整架、三维调节架、白屏、读数显微镜、测微目镜、分划板等。

三、实验原理

几何光学是波动光学的近似，基本不涉及光的物理本性，因此基于几何光学的基本理论，分析光线的基本传播规律，能以最简便的方法来研究光学系统的成像规律和设计方法。

1. 光线的基本传播规律

几何光学将光经光学系统传播问题和物体成像问题归结为光线的传播问题。光线的传播遵循以下基本定律：

光的直线传播定律：光在各向同性的均匀介质中沿直线传播，忽略光的衍射现象。

光的独立传播定律：以不同的途径传播的光同时在空间某点通过时，彼此互不影响，各路光好像其他光线不存在似地独立传播；而在各路光相遇处，其光强度是各路光强度的简单相加，所以光强度总是增强的。忽略光的干涉现象。

光的反射定律和光的折射定律：当光传至二介质的光滑分界面时遵循反射与折射定律。如图 3.1 所示。

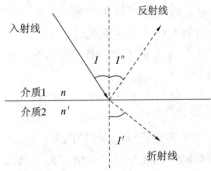

图 3.1　光的反射定律与折射定律

1）反射定律

入射光线、法线和反射光线在同一平面内；入射光线与反射光线在法线的两侧，且

$$I'' = I \qquad (3-1)$$

2）折射定律

折射光线与入射光线和法线在同一平面内；折射角与入射角的正弦之比与入射角的大小无关，仅由两介质的性质决定，当温度、压力和光线的波长一定时，其比值为一常数，等于前一介质与后一介质的折射率之比，即

$$\frac{\sin I'}{\sin I} = \frac{n}{n'}$$

$$n'\sin I' = n\sin I \qquad (3-2)$$

光的可逆性：当光线逆着原来的反射光线(或折射光线)的方向射到媒质界面时，必会逆着原来的入射方向反射(或折射)出去，这种性质叫光路可逆性或光路可逆原理。

2. 光学系统与成像概念

基于光线的基本传播规律可以设计符合要求的光学系统，达到成像的目的。光学系统由一个或若干个光学零部件如反射镜、透镜、棱镜组成，根据其特点可分为平面光学系统、球面光学系统、非球面光学系统等。其中主要是折射球面系统，又根据光学部件的球心是否在同一直线上划分为共轴光学系统和非共轴光学系统，我们主要讨论共轴系统。

下面给出关于成像的一些基本概念：

实物(像)点：实际光线的交点(屏上可以接收到)；

虚物(像)点：光的延长线的交点(屏上接收不到，人眼可以感受到)；

物(像)空间：物(像)所在的空间；

实物(像)空间：实物(像)可能存在的空间；

虚物(像)空间：虚物(像)可能存在的空间。

3. 理想光学系统

一个光学系统必须由若干元件组成，经反复精密计算，使其成像接近完善。但开始时可以先将光学系统看成是理想的系统，对其成像性质进行研究。理想光学系统是能产生清晰的、与物貌完全相似的像的光学系统，并具有下述性质：

(1) 光学系统物方一个点(物点)对应像方一个点(像点)，即从物点发出的所有入射光线经光学系统后，出射光线均交于像点。由光的可逆性原理，从原来像点发出的所有光线入射到光学系统后，所有出射光线均交于原来的物点，这一对物、像可互换的点称为共轭点。某条入射光线与对应的出射光线称为共轭光线。

(2) 物方每条直线对应像方的一条直线，称为共轭线；物方每个平面对应像方的一个平面，称为共轭面。

(3) 主光轴上任一点的共轭点仍在主光轴上。任何垂直于主光轴的平面，其共轭面仍与主光轴垂直。

理想光学系统的理论基础是高斯光学，即研究和讨论光学系统理想成像性质的分支，通常只讨论对光轴具有旋转对称性的光学系统，也称为近轴光学。

1) 光学系统的放大率

物与像的放大关系和倒正关系都是研究光学系统成像性质的重要内容，一般使用 β、α、γ 分别表示光学系统的横向放大率、轴向放大率、角度放大率。

图 3.2 给出理想光学系统的光路示意。

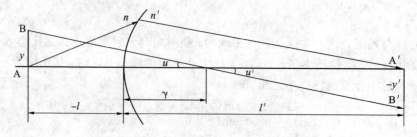

图 3.2　理想光学系统光路示意图

① 横向放大率 β。横向放大率是像与物沿垂轴方向的长度之比，又称垂轴放大率。其运算公式为

$$\beta = \frac{y'}{y} = \frac{nl'}{n'l} = \frac{nu}{n'u'} \qquad (3-3)$$

其中：β 为横向放大率；y 为物的长度；y' 为像的长度；n 为物空间的折射率；n' 为像空间的折射率；l 为顶点到物的距离；l' 为顶点到像的距离。

② 轴向放大率 α。轴向放大率是描述光轴上一对共轭点沿轴移动量之间关系的物理量，其运算公式为

$$\alpha = \frac{\mathrm{d}l'}{\mathrm{d}l} = \frac{nl'^2}{n'l^2} = \frac{n'}{n}\beta^2 \qquad (3-4)$$

其中：α 为轴向放大率；β 为横向放大率。

③ 角度放大率 γ。角度放大率是描述折射前后一对光线与光轴夹角之间关系的物理量，其运算公式为

$$\gamma = \frac{u'}{u} = \frac{l}{l'} = \frac{n}{n'}\frac{1}{\beta} \qquad (3-5)$$

其中：γ 为角度放大率；β 为横向放大率；u、u' 为任意一对共轭光线与光轴的夹角。

2）基点与基面

共轴球面系统中有几对特殊的点和面，用于表征光学系统的成像性质，称之为基点和基面。理想光学系统的基点和基面包括焦点和焦平面、主点和主平面、节点和节平面。

① 焦点和焦平面。如图 3.3 所示，F、F' 分别为物方焦点和像方焦点，对应光轴上位于正无穷远的像对应的物点和负无穷远的物对应的像点。物方焦平面和像方焦平面分别是过 F 和 F' 并且和光轴垂直的平面。

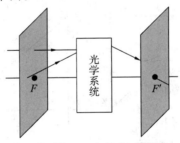

图 3.3　焦点与焦平面

② 主点和主平面。如图 3.4 所示，横向放大率 $\beta = 1$ 的一对共轭面中，物平面称为物方主平面，像平面称为像方主平面。H、H' 分别为物方主点和像方主点，对应物方主平面、像方主平面与光轴的交点。

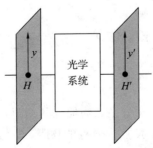

图 3.4　主点与主平面

③ 节点和节平面。如图 3.5 所示，$\gamma=1$ 的一对共轭光线中，物方光线和光轴的交点称为物方节点 N，像方光线和光轴的交点称为像方节点 N'。物方节平面是过 N 并且和光轴垂直的平面，像方节平面是过 N' 并且和光轴垂直的平面。

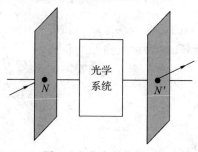

图 3.5　节点与节平面

4. 物像位置关系

理想光学系统中的物像位置关系可以用两种方法描述，分别是牛顿公式和高斯公式。

1）牛顿公式

如图 3.6 所示，以焦点 F、F' 为原点，可以得到以下物像位置关系：

$$\frac{y}{-y'}=\frac{f'}{x'}=\frac{-x}{-f}$$

即
$$xx'=ff' \tag{3-6}$$

上式即为牛顿公式，其中：y 为物的长度；y' 为像的长度；x 为以物方焦点为原点的物距，即焦物距；x' 为以像方焦点为原点的像距，即焦像距；f 为第一焦距；f' 为第二焦距。

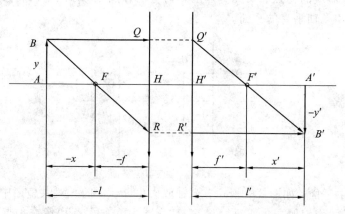

图 3.6　光学系统中的物像关系

2）高斯公式

以主点 H、H' 为原点，将 $\begin{cases} x=l-f \\ x'=l'-f' \end{cases}$ 代入牛顿公式得到以下物像位置关系：

$$\frac{f'}{l'}+\frac{f}{l}=1 \tag{3-7}$$

上式即为高斯公式，其中：l 为以物方主点为原点的物距，即主物距；l' 为以像方主点为原点的像距，即主像距；x 为以物方焦点为原点的物距，即焦物距；x' 为以像方焦点为原点的像距，即焦像距；f 为第一焦距；f' 为第二焦距。

5．典型光学系统

光学系统在生活中的应用十分广泛，如眼睛、放大镜都可看成光学系统。典型光学系统还包括：显微镜、望远镜、投影系统、摄影系统等。本文将对其中一些光学系统的成像原理作简单的介绍。

1）显微系统

显微镜由物镜和目镜组成。物体 AB 在物镜前焦面稍前处，经物镜成放大、倒立的实像 A′B′，它位于目镜前焦面或稍后处，经目镜成放大的虚像，该像位于无穷远或明视距离内。

2）望远系统

望远镜由物镜和目镜组成，其成像原理与显微镜相似。望远镜是日视光学系统，其放大率为视觉放大率，当物镜的焦距大于目镜的焦距时视觉放大。

3）投影系统

投影及放映光学系统由于要成放大像，为了保证一定的像面照度，通常要加照明系统。因此，其光学系统包括照明系统和成像系统两部分。

四、实验内容及步骤

1．焦距测量实验

焦点的测定对了解光学系统成像规律有重要意义。透镜光心到焦点的距离称为焦距。根据光学系统的不同特点，设计三种方法测量光学系统的焦距：自准法、位移法和利用物像光系法。

1）自准法测薄凸透镜焦距

当发光点(物)处在凸透镜的焦平面时，它发出的光线通过透镜后将成为一束平行光。若用与主光轴垂直的平面镜将此平行光反射回去，反射光再次通过透镜后仍会聚于通过狭缝透镜的焦平面上，其会聚点将在发光点相对于光轴的对称位置上。如图 3.7 所示，当物 P 在焦点处或焦平面上时，经透镜后的光是平行光束，经平面镜反射再经透镜后成像于原物 P 处(记为 Q)。因此，P 点到透镜中心 O 点的距离就是透镜的焦距 f。

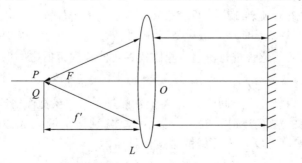

图 3.7　自准法测焦距原理示意图

（1）把全部元件按图 3.8 所示顺序放置在导轨上，调节光路同轴等高。然后进行光学系统的共轴调节。

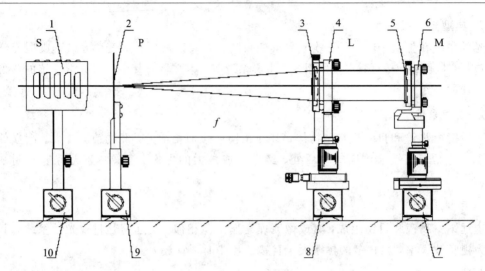

1—光源；2—品字形物屏；3—凸透镜 L(f=190/150 mm)；

4—二维调节架；5—平面镜；6—二维调节架；7～10—滑座

图 3.8　自准法测焦距实验组装图

先利用水平尺将光具座导轨在实验桌上调节成水平的，然后进行各光学元件同轴等高的粗调和细调，直到各光学元件的光轴共轴，并与光具座导轨平行为止。

① 粗调。将物屏、凸透镜、平面镜、白屏等光学元件放在光具座上，使它们尽量靠拢，用眼睛观察，进行粗调（升降调节、水平位移调节），使各元件的中心大致在与导轨平行的同一直线上，并垂直于光具座导轨。

② 细调。利用透镜二次成像法来判断光学系统各元件是否共轴，并进一步调至共轴。当物屏与像屏距离大于 $4f$ 时，沿光轴移动凸透镜，将会成两次大小不同的实像。若两个像的中心重合，表示已经共轴；若不重合，以小像中心位置为参考（可作一记号），调节透镜（或物，一般调透镜）的高低或水平位移，使大像中心与小像中心完全重合，调节技巧为大像追小像。

（2）前后移动凸透镜 L，在物屏 P 上形成清晰的相同大小的品字形像；调节 M 的倾角，使 P 屏上的像与物重合。再前后微调凸透镜 L，使 P 屏上的像既清晰又与物大小相同。

（3）分别记下 P 屏、透镜 L 的位置 a_1、a_2。

（4）将 P 屏、透镜 L 旋转 180°，重复上述步骤，记下新位置 b_1、b_2。

（5）计算 $f_a = a_2 - a_1$ 和 $f_b = b_2 - b_1$，则被测透镜焦距 $f = (f_a + f_b)/2$。

（6）换不同焦距的凸透镜进行测量，并比较真实值和理论值之间的差异，分析其原因。

2）位移法测薄凸透镜焦距

对凸透镜而言，当物和像屏间距离 L 大于 4 倍焦距时，在物像之间移动透镜，则屏上会出现两次清晰的像，它们分别为放大、缩小像。分别记下两次成像时透镜距物的距离 O_1、O_2，距屏的距离 O_1'、O_2'。由光线的可逆性易知，$O_1 = O_2'$，$O_2 = O_1'$。通过计算得：

$$O_1 = O_2' = \frac{L-e}{2}, \quad O_2 = O_1' = \frac{L+e}{2}$$

将其代入牛顿公式得透镜焦距：

$$f = \frac{L^2 - e^2}{4L}$$

（1）将全部元器件按图 3.9 所示顺序摆放在导轨上，调节光路同轴等高，然后再使物屏与像屏之间的距离大于 4 倍焦距。记录像屏和物之间的距离 L。

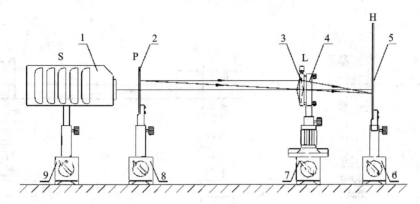

1—光源；2—品字形物屏；3—凸透镜；4—二维调节架；5—像屏；6～9—底座

图 3.9　位移法测焦距实验组装图

（2）沿标尺前后移动透镜 L，使品字形的物在像屏 H 上成清晰放大像，记下 L 位置 a_1。

（3）再向后移动 L，使物在像屏 H 上成清晰缩小像，记下 L 位置 a_2。

（4）将 P 屏、透镜 L、H 屏旋转 180°，重复上述步骤，记下新位置 b_1 和 b_2。

（5）计算 $e_a = a_1 - a_2$ 和 $e_b = b_1 - b_2$，代入牛顿公式，得到 $f_a = (L^2 - e_a^2)/4L$，$f_b = (L^2 - e_b^2)/4L$，则被测透镜焦距 $f = (f_a + f_b)/2$。

（6）换不同焦距的凸透镜进行测量，并比较真实值和理论值之间的差异，分析其原因。

3）利用物像关系测目镜焦距

组合透镜、目镜、物镜等由几个透镜组成，测量它们的焦距不能直接使用物像公式法等，对于组合透镜，其测量原理如图 3.10 所示。

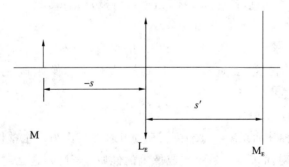

图 3.10　利用物像关系测焦距原理示意图

假设物距为 $(-s)$，像距为 (s')，并且测得 M 板的物宽为 y，M_E 目镜测得的像宽为 y'，由横向放大率的定义得

$$\beta = \frac{y'}{y} = \frac{s'}{s}$$

若像的位置改变，横向放大率也会改变，由物像位置公式得

$$f' = \frac{-\Delta s'}{\Delta \beta}$$

其中：$\Delta s'$ 为像的位置改变；$\Delta \beta$ 为横向放大率的改变。

　　因此，只要测出像的位置改变量和横向放大率的改变量就能得到组合透镜的焦距。

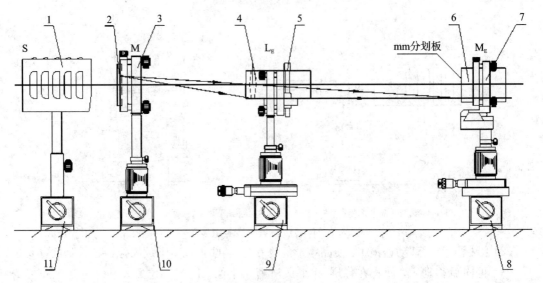

　　1—光源；2—微尺分划板 M(1/10 mm)；3—二维调节架；4—待测目镜 L_e；5—可变口径二维调节架；

6—测微目镜(去掉其物镜头的读数显微镜)；7—读数显微镜架；8~11—滑座

图 3.11　利用物像关系测目镜焦距实验组装图

　　(1) 将全部元器件按照图 3.11 所示顺序摆放在导轨上，调节光路同轴等高。

　　(2) 在 M、L_E、M_E 底座距离很小的情况下前后移动 L_E(在底座距离很小的情况下移动)，直到在测微目镜 M_E 中观察到清晰的 1/10 mm 刻线，并使之与测微目镜中的标尺(mm 刻线)无视差。

　　(3) 测出 1/10 mm 刻线宽度(实宽)，求出其放大倍率 m_1，记下 M_E 和 L_E 的位置 a_1、b_1。

　　(4) 将测微目镜 M_E 向后移动 30~40 mm，再慢慢向前移动 L_E，直至在测微目镜 M_E 中再次观察到清晰无视差的 1/10 mm 刻线像。

　　(5) 再测出像宽，求出 m_2，记下 M_E 和 L_E 的位置 a_2、b_2。

　　(6) 计算 $m_x = ($像宽/实宽$)/$测微目镜放大倍数，像距改变量 $S = (a_1 - a_2) + (b_2 - b_1)$，被测目镜焦距 $f = S/(m_2 - m_1)$。

2. 透镜组节点测定实验

　　光学仪器中的共轴球面系统、厚透镜、透镜组通常要作为一个整体来研究。这时可以用三对特殊的点和三对面来表征系统在成像上的性质。若已知这三对点和三对面的位置，则可用简单的高斯公式和牛顿公式来研究其成像规律。共轴球面系统的三对点和三对面如图 3.12 所示，其中示出了主焦点(F，F')和主焦面，主点(H，H')和主平面，节点(N，N')和节平面。

　　实际使用的共轴球面系统——透镜组，多数情况下透镜组两边的介质都是空气，根据几何光学的理论，当物空间和像空间介质折射率相同时，透镜组的两个节点分别与两个主点重合，在这种情况下，主点兼有节点的性质，透镜组的成像规律只用两对基点(焦点和主点)和基面(焦平面和主平面)就可以完全确定了。

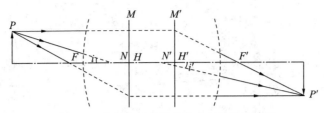

图 3.12　共轴球面系统的基点与基面示意图

光学系统中的节点是角度放大率 $\gamma = 1$ 的一对共轭点，节点具有一条重要性质：如果入射光线或其延长线通过节点，则出射光线的传播方向不会改变。根据此条性质可以设计出节点的测定实验。入射光线（或其延长线）通过第一节点 N 时，出射光线（或其延长线）必通过第二节点 N'，并与 N 的入射光线平行，如图 3.13。过节点垂直于光轴的平面分别称为第一、第二节面。当共轴球面系统处于同一媒质时，两主点分别与两节点重合。

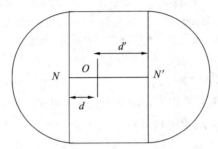

图 3.13　透镜组节点位置示意图

显然，薄透镜的两主点与透镜的光心重合，而共轴球面系统两主点的位置，将随各组合透镜或折射面的焦距和系统的空间特性而异。下面以两个薄透镜的组合为例进行讨论。设两薄透镜的像方焦距分别为 f_1' 和 f_2'，两透镜之间距离为 d，则透镜组的像方焦距 f' 可由下式求出：

$$f' = \frac{f_1' f_2'}{(f_1' + f_2') - d}, \ f = -f'$$

两主点位置为

$$l' = \frac{-f_2' d}{(f_1' + f_2') - d}, \ l = \frac{f_1' d}{(f_1' + f_2') - d}$$

l' 以第二透镜的光心为原点，l 以第一透镜的光心为原点。

（1）调节由 F、L_0 组成的"平行光管"使其出射平行光（L_0 位于 F 的焦距处，即距 F 为 190 mm），可借助于对无穷远调焦的望远镜来实现。

（2）将"平行光管"、待测透镜组、测微目镜按图 3.14 的顺序摆放在导轨上，调整光路为同轴等高。

（3）前后移动测微目镜，使之能看清分划板刻线的像。

（4）沿节点调节架导轨前后移动透镜组（同时也要相应地移动测微目镜），直至转动平台时，F 处分划板刻线的像无横向移动为止，此时像方节点 N 落在节点调节架的转轴上。

（5）用白色屏 H 代替测微目镜，使分划板刻线的像清晰地成于白色屏上，分别记下屏和节点调节架在标尺导轨上的位置 a、b，再在节点调节架的导轨上记下透镜组的中心位置（用一条刻线标记）与调节架转轴中心（0 刻线的位置）的偏移量 d。

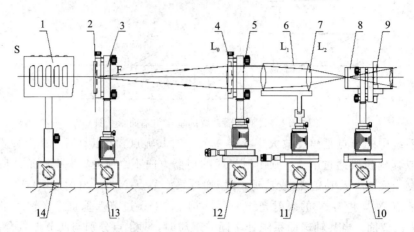

1—光源；2—1/10 mm 分划板；3—二维调整架；4—物镜；5—二维调节架；6—透镜组 L_1、L_2；7—测节器（节上架）；

8—测微目镜（去掉其物镜头的读数显微镜）；9—读数显微镜架；10～14—滑座

图 3.14　测定透镜组节点实验组装图

（6）把节点调节架转 180°，使入射方向和出射方向相互颠倒，重复（3）、（4）、（5）步，从而得到另一组数据 a'、b'、d'。

（7）像方节点 N 偏离透镜组中心距离为 d，透镜组像方焦距 $f' = a - b$；物方节点 N' 偏离透镜组中心距离为 d'，透镜组物方焦距 $f = a' - b'$，用 1：1 的比例作出透镜组及各节点相对位置示意图，N、N' 为透镜组节点，O 为透镜组中心。

3.2　分光计基础实验

分光计是一种能精确测量角度的光学仪器。用它可以测定光线偏转角度，如反射角、折射角、衍射角等等，而不少光学量（如光波波长、折射率、光栅常数等）可通过测量相关角度来确定。因此熟悉分光计的基本构造、调节原理、使用方法和技巧，对调整和使用其他精密光学仪器具有普遍的指导意义。

一、实验目的

（1）了解分光计的结构，学习正确调节和使用分光计的方法。

（2）用分光计测定三棱镜的顶角。

二、实验仪器

分光计、平面反射镜、三棱镜、汞灯等。

三、实验原理

分光计是一种能精确测量角度的光学仪器，用它可以测定光线偏转角度，如反射角、折射角、衍射角等，而不少光学量（如光波波长、折射率、光栅常数等）可通过测量相关角度来确定。了解分光计的结构，正确调节分光计，对减小测量误差、提高测量精度是十分重要的。

1. 分光计的结构

分光计主要由平行光管、望远镜、载物台和读数装置四部分组成，其结构如图 3.15 所示。平行光管用来发射平行光，望远镜用来接收平行光，载物台用来放置三棱镜、平面镜、光栅等物体，读数装置用来测量角度。

分光计上有许多调节螺丝，它们的代号、名称和功能见表 3.1。

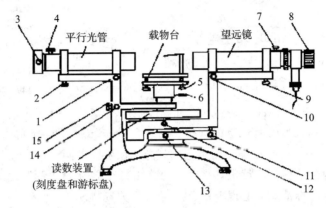

图 3.15　充光计结构图

分光计的读数装置由刻度盘和游标盘两部分组成。刻度盘分为 $360°$，最小分度为半度（$30'$），半度以下的角度可借助游标准确读出。游标等分为 30 格，游标的这 30 小格正好跟刻度盘上的 29 小格对齐，因此知道游标上 1 小格为 $29'$，游标上 1 小格与刻度盘上 1 小格两者之差为 $1'$。从而推知游标上 n 小格与刻度盘上 n 小格相差 n'。

表 3.1　分光计上各螺丝简介

代号	名　称	功　能
1	平行光管光轴水平调节螺丝	调节平行光管光轴的水平方位（水平面上方位调节）
2	平行光管光轴高低调节螺丝	调节平行光管光轴的倾斜度（铅直面上方位调节）
3	狭缝宽度调节手轮	调节狭缝宽度（0.02～2.00 mm）
4	狭缝装置固定螺丝	松开时，调平行光；调好后锁紧，以固定狭缝装置
5	载物台调平螺丝（3 只）	台面水平调节（本实验中，用来调平面镜和三棱镜折射面平行于中心轴。）
6	载物台固定螺丝	松开时，载物台可单独转动、升降，锁紧后，使载物台与游标盘固联
7	叉丝套筒固定螺丝	松开时，叉丝套筒可自由伸缩、转动（物镜调焦）；调好后锁紧，以固定叉丝套筒
8	目镜视度调节手轮	目镜调焦用（调节 8，可使视场中叉丝清晰）
9	望远镜光轴高低调节螺丝	调节望远镜光轴的倾斜度（铅直面上方位调节）
10	望远镜光轴水平调节螺丝（在图后侧）	调节望远镜光轴的水平方位（水平面上方位调节）
11	望远镜微调螺丝（在图后侧）	在锁紧 13 后，调 11 可使望远镜绕中心轴缓慢转动
12	刻度盘与望远镜固联螺丝	松开 12，两者可相对转动；锁紧 12，两者固联，才能一起转动
13	望远镜止动螺丝（在图后侧）	松开 13，可用手大幅度转动望远镜；锁紧 13，微调螺丝 11 才起作用
14	游标盘微调螺丝	锁紧 15 后，调 14 可使游标盘作小幅度转动
15	游标盘止动螺丝	松开 15，游标盘能单独作大幅度转动；锁紧 15，微调螺丝 14 才起作用

角游标的读法与直游标(如游标卡尺)相似,以游标零线为基准,先读出大数(大于 $30'$ 的部分),再利用游标读出小数(小于 $30'$ 的部分),大数跟小数之和即为测量结果。现举二例试读(见图 3.16)。

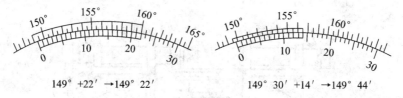

$149° +22' → 149° 22'$　　　　　　$149° 30' +14' → 149° 44'$

图 3.16　角游标的读数示例

在生产分光计时,难以做到使望远镜、刻度盘的旋转轴线与分光计中心轴完全重合。为消除刻度盘与分光计中心轴偏心而引起的误差,在游标盘同一条直径的两端各装一个读数游标。测量时两个游标都应读数,然后分别算出每个游标两次读数之差,取其平均值作为测量结果。用双游标消除偏心误差的原理详见相关资料。

2. 分光计的调节

概括地说,分光计的调整要求是:使平行光管出射平行光;望远镜适合于接收平行光;平行光管和望远镜的光轴等高并与分光计中心轴垂直。

在正式调整前,先目测粗调:使望远镜和平行光管对直,并都对准分光计中心轴;将载物台、望远镜和平行光管大致调水平(实际要求与分光计中心轴垂直)。这一步很重要,只有做好粗调,才能按下列步骤进一步细调(否则细调难以进行)。

(1) 调整望远镜使其达到下面两条要求。(望远镜是由物镜镜筒、叉丝套筒和目镜镜筒三部分组成。叉丝到目镜和物镜的距离皆可调节。常用的阿贝目镜式望远镜的结构和视场如图 3.17 所示。)

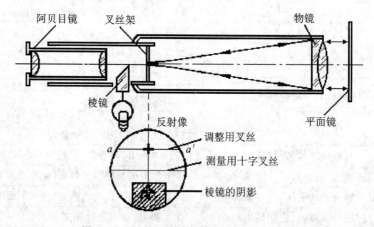

图 3.17　阿贝目镜式望远镜的结构和视场

① 用自准法调节望远镜,使之适合于接收平行光。点亮望远镜侧窗的照明灯将叉丝照亮,前后移动目镜使叉丝位于目镜焦平面上,此时叉丝看得很清楚。再按图 3.18 所示位置,将平面反射镜置于载物台上(镜面朝望远镜)。然后缓慢转动载物台,同时调节叉丝套筒(改变叉丝与物镜间距),从望远镜中找到由平面镜反射回来的模糊光斑(如果找不到,则粗调没有达到要求,应重调)。找到光斑后进一步细调叉丝套筒,光斑逐渐变成清晰的"十"字形像(它是叉丝平面上小黑十字的反射像)。当叉丝位于物镜焦平面上时,叉丝发出

的光经过物镜后成为平行光，平行光经平面镜反射再次通过物镜后仍成像于叉丝平面。此时，从目镜中可同时看清叉丝与"十"字形像，且两者无视差。至此，叉丝既落在目镜焦平面上又落在物镜焦平面上，望远镜已适合于接收平行光。至此，各镜筒间的相对位置就不应改变了。

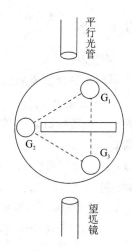

图 3.18　平面镜在载物台上的放法

　　要补充说明的是，叉丝套筒在调节过程中应做适当转动，使竖直叉丝平行于分光计中心轴（考虑：怎样鉴别是否已达到了这一要求？）。

　　② 使望远镜光轴垂直于分光计中心轴：测量中，平行光管和望远镜分别代表入射光和出射光方向。为保证测量精度，应使它们的光轴与刻度盘平行。由于制造仪器时刻度盘已与分光计中心轴垂直，所以只需调节它们的光轴与中心轴垂直就可以了。

　　望远镜调好焦后，从目镜中能同时看清叉丝和"十"字形像，且两者无视差。但"十"字形像一般不处于小黑十字的对称位置（aa'线）上。其原因可能是望远镜光轴未垂直中心轴，也可能是平面镜镜面与中心轴不平行，或者两者兼有。为使望远镜光轴垂直中心轴，调整方法如下：

　　首先检查平面镜正反两面分别正对望远镜时，视场中是否都能找到"十"字形像（如果找不到或只找到一个，说明粗调不合格，应进一步调整）。然后用螺丝 9 调节望远镜光轴倾斜度，使"十"字形像到 aa' 线的距离减小一半，再调载物台螺丝 G_1（或 G_3）使两者重合。把载物台转 $180°$，使平面镜的反面正对望远镜，再次用"各半调节法"同样调节。如此反复调节，直到平面镜任一面正对望远镜时，视场中的"十"字形像都落在调整叉丝 aa' 上为止。此时，望远镜光轴就与中心轴垂直了。调节过程中，不必刻板地运用"各半调节法"。若发现正反两面的反射像纵向位移较大，说明平面镜镜面与中心轴明显不平行，就应侧重调节螺丝 G_1 或 G_3。如果纵向位移不大，但反射像都远离 aa' 线，这表明望远镜光轴与中心轴明显不垂直，就该侧重调节螺丝 9 了。

　　（2）调整平行光管，步骤如下：

　　① 调整平行光管使之出射平行光。平行光管是由两个可以相对滑动的套筒组成的，外筒上装有一组消色差透镜，内筒外端装有一个宽度可调的狭缝。

　　调节时先取下载物台上的平面镜，点亮汞灯使之正照狭缝，然后一边调节平行光管上狭缝和透镜的间距，一边用调好焦的望远镜对准平行光管观察。当狭缝正好调到透镜焦平面上时，平行光管就出射平行光。由于望远镜已适合于接收平行光，因此平行光射入望远镜后将在叉丝平面成像。这时从望远镜中能看到清晰的与叉丝无视差的狭缝像。

　　这就是说，我们是以调好焦的望远镜视场中能否产生清晰的、无视差的狭缝像作为判据，来判别平行光管出射的是否是平行光的。

　　② 使平行光管光轴与分光计中心轴垂直。调节螺丝 3 使狭缝像宽约 1 mm 多，再转动狭缝使狭缝像平行于竖直叉丝，然后调节平行光管光轴水平调节螺丝 1 和高低调节螺丝 2，把狭缝像精确调到视场中心且被十字叉丝所等分。至此，平行光管与望远镜的光轴重合且与分光计中心轴垂直。

四、实验内容

1. 调整分光计

按分光计的调整要求和调节方法，正确调节分光计至正常工作状态。

2. 调节三棱镜

要使三棱镜两折射面与分光计中心轴平行（即与已调好的望远镜光轴垂直），应按下述步骤调节。

（1）将三棱镜按图 3.19 那样平放在载物台上。图中 ABC 表示三棱镜的横截面，AB、AC、BC 是三棱镜的三个侧面。其中，AB、AC 两个侧面是透光的光学表面（称为折射面），侧面 BC 是毛玻璃面（称为底面）。三棱镜两折射面的夹角 α 称为顶角。放置三棱镜时，顶角要靠近载物台中央，折射面要与载物台下调平螺丝的连线垂直。

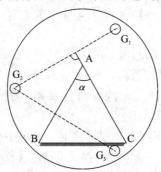

图 3.19　三棱镜的放法

（2）转动载物台，使三棱镜的一个折射面正对望远镜。调节载物台调平螺丝，使"十"字形反射像落在调整叉丝 aa' 上。转动载物台使另一折射面正对望远镜，再按上述方法重新调节。来回反复调节几次，直到两个折射面都垂直于望远镜光轴为止。注意：调节过程中只能调节载物台下的调平螺丝，不能动望远镜下的方位调节螺丝。

3. 用反射法测三棱镜顶角

转动载物台，使三棱镜顶角对准平行光管，让平行光管射出的光束照在三棱镜两个折射面上（见图 3.20）。将望远镜转至 I 处观测左侧反射光，调节望远镜微调螺丝（II），使望远镜竖直叉丝对准狭缝像中心线。再分别从两个游标读出左侧反射光的方位角 θ_A、θ_B；然

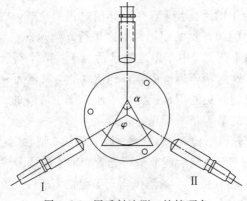

图 3.20　用反射法测三棱镜顶角

后将望远镜转至Ⅱ处观测右侧反射光，相同方法读出右侧反射光的方位角 θ'_A、θ'_B。由图3.20可以证明顶角为

$$\alpha = \frac{\varphi}{2} = \frac{1}{4}(\,|\,\theta_A - \theta'_A\,| + |\,\theta_B - \theta'_B\,|\,)$$

要求测量三次以上，求平均值和不确定度，数据表格自拟。每次测量完后可以稍微变动载物台位置，再测下一次。

五、注意事项

（1）三棱镜要轻拿轻放，要注意保护光学表面，不要用手触摸折射面。

（2）用反射法测顶角时，三棱镜顶角应靠近载物台中央放置（即离平行光管远一些），否则反射光不能进入望远镜。

（3）在计算望远镜转角时，要注意望远镜转动过程中是否经过刻度盘零点，如经过零点，应在相应读数加上 360°后再计算。

3.3　光的衍射实验

光的衍射是指光避开其障碍物，不经过直线传播就进入几何的阴影并且在屏幕上呈现光强不均匀的光学现象，衍射现象是光的波动本性的必然结果。

一、实验目的

（1）通过实验观察，让学生认识光的衍射现象，知道发生明显的光的衍射现象的条件，从而对光的波动性有进一步的认识。

（2）通过讨论和对单缝衍射装置的观察，理解衍射条件的设计思想。

二、实验仪器

He－Ne 激光器、可调单缝、多缝板、多孔板、光栅、光传感器和光电流放大器、白屏、导轨等。

三、实验原理

1. 单缝衍射的光强分布

平行光束垂直照射到宽度为 a 的狭缝 AB 上（见图3.21），按惠更斯-菲涅耳原理，可以计算屏幕上衍射图样的光强分布（计算过程详见光学教科书）。该原理指出，此时狭缝上每一点都可看成发射次级子波的波源。AB 面上的子波到达 P_0 点，因相位相同，叠加得到加强。

而 P_1 点的光强强弱则取决于沿 θ 角发射，到达时相位各不相同的子波在该点叠加的结果。理论计算可得该点的光强

$$I_\theta = I_0 \frac{\sin^2 u}{u^2} \tag{3-8}$$

其中

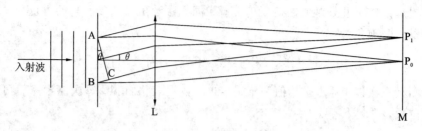

图 3.21　单缝衍射原理图

$$u = \frac{\pi a}{\lambda}\sin\theta \tag{3-9}$$

式中，I_0 是衍射条纹中央 P_0 处的光强，λ 是单色光的波长。

联系公式看光强分布图（见图 3.22），当 $\theta = 0$ 时，$I_\theta = I_0$，得到光强最大的中央主极大，相对光强 $I/I_0 = 1$。

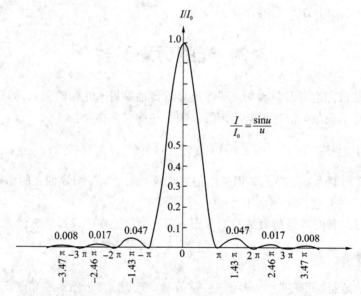

图 3.22　衍射光强分布

由公式（3-8）可求得暗条纹位置，令 $I = 0$，必有 $\sin u = 0$，于是 $u = k\pi$，代入式（3-9）可得 $a\sin\theta = k\lambda (k = \pm 1, \pm 2 \cdots)$。可见，暗条纹是以中央极大为中心，两侧等距分布的。主极大两侧各级亮条纹（次级大）分别出现在 $\sin\theta = \pm 1.43\frac{\lambda}{a}$，$\pm 2.46\frac{\lambda}{a}$，$\pm 3.47\frac{\lambda}{a} \cdots$ 的位置，与 I_0 的比值分别是 $I_1/I_0 \approx 0.047$，$I_2/I_0 \approx 0.017$，$I_3/I_0 \approx 0.008 \cdots$。

采用发散角很小的激光束，可以直接做单缝的入射光束，另一方面，若接收器与狭缝之间的距离 l 足够远（见图 3.23），以至 AP_0 与 OP_0 之差远小于 λ，也可以满足接收夫朗禾费衍射的条件。若 $AP_0 - OP_0 \ll \lambda$，则有

$$\sqrt{l^2 + \frac{a^2}{4^2}} - l \ll \lambda \tag{3-10}$$

因 $l \gg a$，所以

$$\sqrt{l^2 + \frac{a^2}{4}} - l \approx l\left(1 + \frac{a^2}{8l^2}\right) - l = \frac{a^2}{8l}$$

将此式代入式(3-10)，则 $\dfrac{a^2}{8l\lambda} \ll 1$。如果取 $l=0.8$ m，$a=10^{-4}$ m，$\lambda=6.3\times10^{-7}$ m，则

$\dfrac{a^2}{8l\lambda} \approx 2.5\times10^{-3}$，故能满足上述条件。因此图 3.21 中的透镜可以省去。

He-Ne 激光束是高斯光束，但因发散角很小，常做平面波使用，例如图 3.23 的情形，衍射图样的暗点和各极强位置能够相当好地近似于理论分析的结果，所以可根据 $\lambda =$

$\dfrac{2xk}{2k+1} \cdot \dfrac{a}{l}$ 在测出 l 和缝宽 $a=\mathrm{AB}$ 之后计算波长。其中 x 是中央极强与各极强的距离，k 是各极强的级。有些配上适当透镜组的半导体激光器发散角不大，也可能适用于本实验。

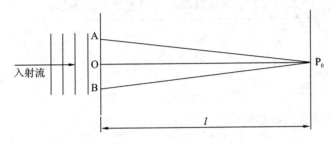

图 3.23　夫琅禾费衍射示意图

2. 多缝夫朗禾费衍射

设每条缝宽为 a，相邻两缝中心距为 d，缝的数目为 N。在波长为 λ、光强为 I_0 的光正入射多缝板的条件下，

$$I_\theta = I_0 \left(\frac{\sin u}{u}\right)^2 \left(\frac{\sin N\beta}{\sin\beta}\right)^2 \tag{3-11}$$

其中，$\beta = \dfrac{\pi d\sin\theta}{\lambda}$，与式(3-8)相比，除了共有的"衍射因子"之外，多出一个"干涉因子"。这是由于各缝衍射光之间发生的干涉。干涉效应使接收屏上的能量重新分布，形成干涉条纹，但这些条纹又被单缝衍射因子调制，在强度分布上，要受到单缝衍射图样的支配。例如图 3.24，当 $N=5$、$d=3a$、5 缝衍射时，干涉因子的表现(b)受单缝衍射因子(a)的调制，而形成新的综合分布(c)。因 $N=5$，在两个主极强之间出现 3 个次极强(相邻主极强间有

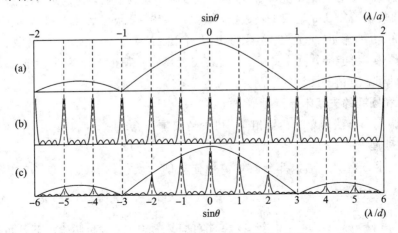

图 3.24　多缝夫琅禾费衍射光强分布图样

$N-2$ 个次极强);由于 $d=3a$,干涉因子第 3 级($k=3$)主极大正好与单缝衍射的第一个暗纹重合,所以不能出现,形成缺级现象,同理,凡是 k 为 3 的整倍数处都缺级。

3. 夫朗禾费圆孔衍射

波长 λ,强度 I_0 的光正入射一圆孔,接收屏上的光强分布经理论计算得

$$I_\theta = I_0 \left[\frac{2J_1(x)}{x}\right]^2, \quad x = (\frac{\pi D}{\lambda})\sin\theta$$

式中 D 为圆孔直径,$J_1(x)$ 是一阶贝塞耳函数(是一种特殊函数,详见数学手册)。表 3.2 列出的是这种同心圆形衍射图样光强分布的极值位置与对应的贝塞耳函数的数值。

表 3.2　光强极值与对应贝塞尔函数的数值

x	0	1.220π	1.635π	2.233π	2.679π	3.238π
$[2J_1(x)/x]^2$	1	0	0.0175	0	0.0042	0

四、实验内容及步骤

1. 测绘夫朗禾费单缝衍射光强分布图

1) 光路调节

将激光管装入激光器架,移动光靶装在一个无横向调节装置的普通滑动座上,光传感器(或光功率计)的探头装在移动测量架上。先转动百分手轮,将测量架调到适当位置,并使移动光靶倒退,直到靶后的圆筒能够套在测量架的进光口上,再接通激光器电源,在沿导轨逐步移动光靶的过程中,随时调节激光器架,使光点始终打在靶心上。在反复调节之后,取下光靶,将干板架固定在距离硅光电池约 85 cm 的二维调节滑动座上,并夹紧可调狭缝。只要横向位置居中,缝宽适当,缝体铅直,就能在测量架翻转向上的白屏上获得适合测量的夫朗禾费衍射图样。

2) 测量

将测量架上的白屏翻下来,并给光电流放大器接通 220 V 电源。横向微调滑动座,在衍射狭缝左右移动的同时,观察显示数值,直到出现峰值暂停。按直尺和鼓轮上的读数和光电流放大器数字显示,记下光电探头位置和相对光强数值后,再选定任意的单方向转动鼓轮,并且每转动 0.1 mm 记录 1 次数据,直到测完 0~2 级极大和 1~3 级极小为止。

激光器的功率输出或光传感器的电流输出有些起伏,属正常现象。使用前经 10~20 min 预热,可能会好些。实际上,接收装置显示数值的起伏变化小于 10% 时,取中间值作记录即可,对衍射图样的绘制并无明显影响。

2. 多缝和圆孔的夫朗禾费衍射

该项实验基本方法与单缝衍射相同,可酌情安排补充练习。

3. 数据处理

在一张毫米方格纸上选取部分测量数据作夫朗禾费衍射光强分布图(对称分布的一半)。根据式(3-8),令 $I=0$,求暗条纹位置:$I=0$ 时,$\sin u=0$,即 $u=k\pi$ 或 $\frac{\pi a}{\lambda}\sin\theta = k\pi$,于是有 $a\sin\theta = k\lambda(k=\pm 1, \pm 2\cdots)$,据此对照实测图形,分析暗条纹的分布规律。根据实验数据和上式计算狭缝宽度。

3.4　偏振光实验

光的干涉和衍射现象表明光是一种波动，但这些现象还不能告诉我们光是纵波还是横波，光的偏振现象清楚地显示了光的横波性。历史上，早在光的电磁理论建立以前，在杨氏双缝实验成功以后不久，马吕斯于 1809 年就在实验中发现了光的偏振现象。

一、实验目的

（1）验证马吕斯定律。
（2）产生和观察光的偏振状态。
（3）了解产生与检验偏振光的元件和仪器。
（4）掌握产生与检验偏振光的条件与方法。
（5）了解法拉第效应、菲尔德常数，以及法拉第效应的经典理论解释。
（6）掌握测量法拉第效应的一种基本方法，观察法拉第效应，并总结出磁场与旋转角之间的关系。

二、实验仪器

光源（白炽灯或可见激光器）、起偏器、检偏器、光屏或光功率指示器、1/4 波片、电磁铁、样品、检偏器、调制线圈、光功率计。

三、实验原理

1. 光的偏振性

光波是波长较短的电磁波，电磁波是横波，光波中的电矢量与波的传播方向垂直。光的偏振现象清楚地显示了光的横波性。光大体上有五种偏振态，即线偏振光、圆偏振光、椭圆偏振光、自然光和部分偏振光。而线偏振光和圆偏振光又可看作椭圆偏振光的特例。

1）自然光

光是由光源中大量原子或分子发出的。普通光源中各个原子发出的光的波列不仅初相彼此不相关，而且光振动方向也是彼此不相关的，呈随机分布。在垂直于光传播方向的平面内，沿各个方向振动的光矢量都有。平均说来，光矢量具有轴对称而且均匀的分布，各方向光振动的振幅相同，各个振动之间没有固定的相位联系，这种光称为自然光或非偏振光（见图 3.25）。

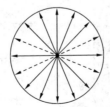

图 3.25　自然光振动方向

我们设想把每个波列的光矢量都沿任意取定的 x 轴和 y 轴分解，由于各波列的光矢量的相位和振动方向都是无规则分布的，将所有波列光矢量的 x 分量和 y 分量分别叠加起来，得到的总光矢量的分量 E_x 和 E_y 之间没有固定的相位关系，因而它们之间是不相干的。同时 E_x 和 E_y 的振幅是相等的，即 $A_x = A_y$。这样，我们可以把自然光分解为两束等幅的、振动方向互相垂直的、不相干的线偏振光。这就是自然光的线偏振表示，如图 3.26(a) 所示。分解的两束线偏振光具有相等的强度，即 $I_x = I_y$，又因自然光强度

$$I = I_x + I_y \tag{3-12}$$

所以每束线偏振光的强度是自然光强度的 1/2，即

$$I_x = I_y = \frac{I}{2} \tag{3-13}$$

通常用图 3.26(b) 所示的图示法表示自然光。图中用短线和点分别表示在纸面内和垂直于纸面的光振动，点和短线交替均匀画出，表示光矢量对称而均匀的分布。

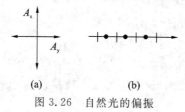

(a)　　　　　　　(b)

图 3.26　自然光的偏振

2）线偏振光

光矢量只沿一个固定的方向振动时，这种光称为线偏振光，又称为平面偏振光。光矢量的方向和光的传播方向所构成的平面称为振动面，如图 3.27(a) 所示。线偏振光的振动面是固定不动的，图 3.27(b) 所示是线偏振光的表示方法，图中短竖线表示光振动在纸面内，点表示光振动垂直于纸面。

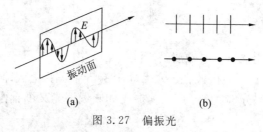

(a)　　　　　　　(b)

图 3.27　偏振光

3）部分偏振光

这是介于线偏振光与自然光之间的一种偏振光，在垂直于这种光的传播方向的平面内，各方向的光振动都有，但它们的振幅不相等，如图 3.28(a) 所示。这种部分偏振光用数目不等的点和短线表示。在图 3.28(b) 中，上图表示在纸面内的光振动较强，下图表示垂直纸面的光振动较强。要注意，这种偏振光各方向的光矢量之间也没有固定的相位关系。

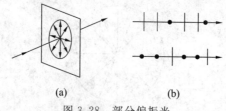

(a)　　　　　　　(b)

图 3.28　部分偏振光

4）圆偏振光和椭圆偏振光

这两种光的特点是在垂直于光的传播方向的平面内，光矢量按一定频率旋转（左旋或

右旋）。如果光矢量端点轨迹是一个圆，这种光叫圆偏振光（见图 3.29（a））。如果光矢量端点轨迹是一个椭圆，这种光叫椭圆偏振光（见图 3.29（b））。

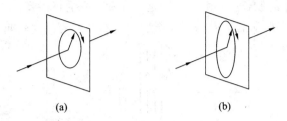

图 3.29　圆偏振光和椭圆偏振光

2. 布儒斯特角

如图 3.30 所示，当光从折射率为 n_1 的介质（例如空气）入射到折射率为 n_2 的介质（例如玻璃）交界面，而入射角又满足：

$$\theta_B = \arctan\frac{n_2}{n_1}$$

时，反射光即成完全偏振光，其振动面垂直于入射面。θ_B 称布儒斯特角，上式即布儒斯特定律。显然，θ_B 角的大小因相关物质折射率大小而异。若 n_1 表示的是空气折射率（数值近似等于 1），则上式可写成：

$$\theta_B = \arctan n_2 \tag{3-14}$$

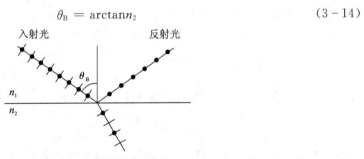

图 3.30　布儒斯特角图例

3. 马吕斯定律

如果光源中的任一波列（用振动平面 E 表示）投射在起偏器 P 上，只有相当于它的成分之一的 E_y（平行于光轴方向的矢量）能够通过，另一成份 E_x（$E_x = E\cos\theta$）则被吸收。与此类似，若投射在检偏器 A 上的线偏振光的振幅为 E_0，则透过 A 的振幅为 $E_0\cos\theta$（这里 θ 是 P 与 A 偏振化方向之间的夹角）。由于光强与振幅的平方成正比，可知透射光强 I 随 θ 而变化的关系为

$$I = I_0\cos^2\theta \tag{3-15}$$

4. 波片

若使线偏振光垂直入射到一透光面平行于光轴，厚度为 d 的晶片，此光因晶片的各向异性而分裂成遵从折射定律的寻常光（o 光）和不遵从折射定律的非常光（e 光）。如图 3.31 所示。

因 o 光和 e 光在晶体中这两个相互垂直的振动方向有不同的光速，故将这两个方向分别称做快轴和慢轴。设入射光振幅为 A，振动方向与光轴夹角为 θ，入射晶面后 o 光和 e 光振幅分别为 $A\sin\theta$ 和 $A\cos\theta$，出射后相位差为

$$\varphi = \frac{2\pi}{\lambda_o}(n_o - n_e)d \qquad (3-16)$$

式中，λ_0 是光在真空中的波长，n_o 和 n_e 分别是 o 光和 e 光的折射率。

这种能使相互垂直振动的平面偏振光产生一定相位差的晶片就叫做波片。

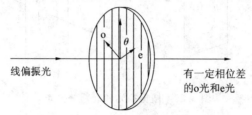

线偏振光　　　　　　　　　　　　　　　有一定相位差
　　　　　　　　　　　　　　　　　　　的o光和e光

图 3.31　波片图例

如果以平行于波片光轴方向为 x 坐标，垂直于光轴方向为 y 坐标，则出射的 o 光和 e 光可用两个简谐振动方程式表示：

$$\begin{cases} x = A_e \sin\omega t \\ y = A_o \sin(\omega t + \varphi) \end{cases} \qquad (3-17)$$

该两式的合振动方程式可写成：

$$\frac{x^2}{A_e^2} + \frac{y^2}{A_o^2} - \frac{2xy}{A_e A_o}\cos\varphi = \sin^2\varphi \qquad (3-18)$$

一般说来，这是一个椭圆方程，代表椭圆偏振光。但是当

$$\varphi = 2k\pi \quad (k = 1, 2, 3\cdots)$$

或

$$\varphi = (2k+1)\pi \quad (k = 0, 1, 2\cdots)$$

时，合振动变成振动方向不同的线偏振光。后一种情况，晶片厚度

$$d = \frac{(2k+1)}{n_o - n_e}\frac{\lambda}{2} \qquad (3-19)$$

可使 o 光和 e 光产生 $(2k+1)\lambda/2$ 的光程差，这样的晶片称作半波片，而当 $\varphi = (2k+1)\pi/2$ $(k=1, 2, 3\cdots)$ 时，合振动方程化为正椭圆方程：

$$\frac{x^2}{A_e^2} + \frac{y^2}{A_o^2} = 1 \qquad (3-20)$$

这时晶片厚度 $d = \frac{(2k+1)}{n_o - n_e}\frac{\lambda}{4}$，称做 1/4 波片。它能使线偏振光改变偏振态，变成椭圆偏振光。但是当入射光振动面与波片光轴夹角 $\theta = 45°$ 时，$A_e = A_o$，合振动方程可写成：

$$x^2 + y^2 = A^2 \qquad (3-21)$$

即获得圆偏振光。

5. 偏振光的获得

自然界的大多数光源所发出的是自然光。为了从自然光得到各种偏振光，需要采用偏振器件。偏振片、波片和尼科耳棱镜等都可以用作起偏器，自然光通过这些起偏器后就变成了线偏振光。偏振片常用具有二向色性的晶体制成，这些晶体对不同方向的电磁振动具有选择吸收的性质，当光线射在晶体的表面上时，振动的电矢量与光轴平行时吸收的光较少，光可以较多地通过；电矢量与光轴垂直时被吸收的光较多，光通过得很少。通常的偏振片是在拉伸了的高分子基片上蒸镀一层硫酸碘奎宁的晶粒，基片的应力可以使晶粒的光

轴定向排列起来，这样可得到面积很大的偏振片。

为了得到椭圆偏振光，使自然光通过一个起偏器和一个波片即可。由起偏器出射偏振光正入射到波片中去时，只要其振动方向不与波片的光轴平行或垂直，就会分解成 o 光和 e 光，穿过波片时在它们之间就有一定的附加相位差 δ。射出波片之后，传播方向相同的这两束光的速度恢复到一样，它们在一起一般是合成椭圆偏振光。只有当这两光束之间的相位差等于 $\pm\pi/2$，且振幅相同时，才有可能得到圆偏振光。

换言之，令一束线偏振光垂直通过一个波片，一般我们得到一束椭圆偏振光；只有通过 1/4 波片，且当波片的光轴与入射光的振动面成 45°角时，我们才能得到一束圆偏振光。

6. 磁致旋光

法拉第效应是磁光电效应的　种。磁光效应是描述光与磁性物质相互作用引起光性质发生变化的现象。1845 年法拉第在探索电磁现象与光学现象之间的联系时发现将一块玻璃放入强磁场中，它将使穿过玻璃的线偏振光的偏振面发生旋转，即一束平面偏振光穿过介质时，如果在介质中沿光的传播方向上加上一个磁场，就会观察到光的偏振面经过样品后转过一个角度，也就是说，磁场使介质具有了旋光性，改变了光偏振面的角度，这种现象称为法拉第效应。实验表明，在磁场不是非常强的情况下，偏振面旋转的角度 θ 与光波在介质中走过的路程 L 及介质中磁感应强度在光的传播方向上的分量 B 成正比，即 $\theta = VBL$，比例系数是由物质和工作波长决定的，表征物质的磁场性质，这个比例系数称为费尔德常量。几乎所有物质（包括气体、液体、固体）都存在法拉第效应。不同的物质，偏振面旋转的方向也不相同。习惯上规定，偏振面旋转方向与产生磁场的螺旋管电流方向一致时叫做正旋（$V>0$），否则叫做负旋（$V<0$）。

用经典理论对法拉第效应可做如下的解释：一束偏振光可以分解成两个同频率等幅度的左旋圆偏振光和右旋圆偏振光，这两束光在法拉第材料中的折射率不同，因此传播速度也不同。当它们穿过材料重新合成时，其偏振面就发生了变化，这个变化正比于 B 和 L。

法拉第效应产生的旋光效应与其它旋光现象有所不同，如常见的 1/2 波长和石英旋光片，它们的旋光方向与光传播的方向有关，如将一个线偏振光从材料左侧到右侧再发射回来，则在二次传播中偏振面的旋转方向相反，互相抵消，总的情况是偏振面并没有旋转，而法拉第效应产生的旋光，其旋转方向只与磁场方向有关，与光传播的方向无关。在上面的列举中，如果旋光是由法拉第效应引起的，总的情况是旋转角增大 1 倍，而不是互相抵消。

四、实验内容及步骤

1. 起偏和检偏、鉴别自然光和偏振光、验证马吕斯定律

（1）以激光器为光源，按实验室所给的器材，选择并设计产生一束平行光的方案。使平行光束垂直射到偏振片 P 上，以 P 作为起偏器，旋转 P，观察并描述光屏 E 上的光斑强度的变化情况。

（2）在 P 后加入作为检偏器的偏振片 A，固定 P 的方位，转动 A，观察、描述光屏 E 上光斑强度的变化情况，与步骤（1）所得的结果比较，并作出解释。

（3）以光功率指示器代替光屏接收 A 出射的光强，具体操作是：调整激光器和光探头的高度，使激光射入光探头 Φ6.0 孔；放上起偏器 P 找到它的实际零点（即光功率指示器数

值最大的位置）；放上检偏器 A 同样找到它的实际零点（方法同上）；在实际零点的基础上每转过 10°记录一次相应的光电流值，完成图表。在极坐标纸上作出转动角 θ 与 I 的曲线（或在直角坐标纸上作 I 和 $\cos^2\theta$ 的关系曲线），来验证马吕斯定律。根据以上的观察结果，总结应当如何鉴别自然光和偏振光。

2. 观察圆偏振光和椭圆偏振光

（1）以可见激光器为光源垂直照射于一组相互正交的偏振片（P、A）上（即转动检偏器 A 直到功率指示器读数为零或者说使其处于消光状态），在 P、A 间插入一个 $\lambda/4$ 波片 C，观察并对 $\lambda/4$ 波片插入前后透过 A 的光强变化进行总结。

（2）保持正交偏振片 P 和 A 的取向不变，转动插入其间的 $\lambda/4$ 波片 C，使 C 的光轴与 P（或 A）偏振轴的夹角从 0 转到 2π，观察并描述夹角改变时透过 A 的光强度的变化情况，并做出解释。

（3）在步骤（2）中，再以使正交偏振片处于消光状态时 $\lambda/4$ 波片的光轴位置作为 0°线，转动 $\lambda/4$ 波片，使其光轴与 0°线的夹角依次为 15°、30°、45°、60°、75°、90°等值，在取上述每一个角度时都将检偏器 A 转动一周（从 0 转到 2π），观察并描述从 A 透出的光的强度变化情形，然后做出解释。总结光的偏振性质并将以上观测结果记录在表 3.3 中，解释上述实验结果。

表 3.3　实验数据记录

$\lambda/4$ 片转动的角度	观察到的现象（功率指示器示数变化范围）	结论（什么偏振光）
0°		
15°		
30°		
45°		
60°		
75°		
90°		

3. 圆偏振光和椭圆偏振光的检验

虽然上面实验中我们用偏振片可以将偏振光一般地区分为线偏振光、圆偏振光和椭圆偏振光，但严格来说，要鉴别圆偏振光和椭圆偏振光单用偏振片是不够的。因为单用偏振片无法区别圆偏振光和自然光，也无法区别椭圆偏振光和部分偏振光。为此，必须再加一个 $\lambda/4$ 波片。

先使 A、P 正交，插入 $\lambda/4$ 波片 C。使 C 从消光位置转动 45°角，这时把 A 转动 360°，发现光强不变。然后，将另一 $\lambda/4$ 波片 C′插入 C 和 A 之间，再转动 A，看到什么结果？说明圆偏振光经过 $\lambda/4$ 波片后偏振姿态有何改变？如果有一束自然光通过 $\lambda/4$ 波片，其偏振态是怎样的？

将 C′放在任意位置，这时从 C 射出的光一般应为椭圆偏振光。

4. 法拉第效应、磁致旋光、磁场与旋转角之间的关系

（1）接好各个设备的连线，打开激光器和功率计电源，调整光路，使光束可穿过电磁线圈中心的磁致旋光材料。

（2）旋转检偏器，使功率计指示值最小，这时起偏器和检偏器相互垂直，处于消光状态。

（3）打开线圈驱动电源，将驱动电源电流调到 0.5 A，此时功率指示值将发生变化。重新旋转检偏器，使功率指示值尽可能小，系统重新进入消光状态，记下此时的电流值和检偏器的角度变化值及方向。

（4）按一定间隔增大电流，重复步骤（3），记下相应的电流值和检偏器的角度变化值。

（5）根据电流与电磁线圈中磁场的关系和以上实验数据，确定 θ 与 B（磁场）的大致关系。（如有高斯计，可测出材料的 Verdet 常数）

（6）将激光器放到导轨另一端，使光束从电磁线圈的另一端穿过磁致旋光材料，改变励磁电流，观察旋光方向，并与步骤（3）中的方向进行比较。

（7）交换驱动电源的电流输出导线，改变电磁线圈中的电流方向，改变电流大小，观察旋光方向，掌握其中的规律。

（8）自制实验数据表格，进行实验数据处理。

3.5　硅光电池特性研究实验

太阳能是一种新能源，对太阳能的充分利用可以解决人类日趋增长的能源需求问题。目前，太阳能的利用主要集中在热能和发电两方面。利用太阳能发电目前有两种方法，一是利用热能产生蒸气驱动发电机发电，二是太阳能电池。太阳能的利用和太阳能电池的特性研究是 21 世纪的热门课题，许多发达国家正投入大量人力物力对太阳能接收器进行研究。为此，我们开设了太阳能电池的特性研究实验，介绍硅光电池的电学性质和光学性质，并对两种性质进行测量。

一、实验目的

（1）学习测量硅光电池的伏安特性关系曲线。

（2）了解硅光电池的特性。

二、实验仪器

本实验涉及的主要仪器有：白光源、实验主机、照度计、光学导轨、硅光电池板。

三、实验原理

目前半导体光电探测器在数码摄像、光通信、太阳能电池等领域得到了广泛应用，硅光电池是半导体光电探测器的一个基本单元，深入学习硅光电池的工作原理和具体使用特性可以进一步领会半导体 PN 结原理、光电效应理论和光伏电池的机理。

1. PN 结的形成及单向导电性

如果采用某种工艺，使一块硅片的一边成为 P 型半导体，另一边为 N 型半导体，由于 P 区有大量空穴（浓度大），而 N 区的空穴极少（浓度小），于是空穴要从浓度大的 P 区向浓度小的 N 区扩散，并与 N 区的电子复合，在交界面附近的空穴扩散到 N 区，在交界面附近一侧的 P 区留下一些带负电的三价杂质离子，形成负空间电荷区。同样，N 区的自由电子也要向 P 区扩散，并与 P 区的空穴复合，在交界面附近一侧的 N 区留下一些带正电的五价杂质离子，形成正空间电荷区。这些离子是不能移动的，因而在 P 型半导体和 N 型半导体交界面两侧形成一层很薄的空间电荷区，也称为耗尽层，这个空间电荷区就是 PN 结。正负空间电荷在交界面两侧形成一个电场，称为内电场，其方向从带正电的 N 区指向带负电的 P 区，如图 3.32 所示。空间电荷区的内电场一方面对多数载流子的扩散运动起阻挡作用，另一方面对少数载流子(P 区的自由电子和 N 区的空穴)起推动作用，使它们越过空间电荷区进入对方区域。少数载流子在内电场作用下的定向运动称为漂移运动。在一定条件下，载流子的扩散运动和漂移运动达到动态平衡。达到平衡后，空间电荷区的宽度基本上稳定下来，PN 结就处于相对稳定的状态。

　　若在 PN 结上加正向电压，即外电源的正极接 P 区，负极接 N 区，则称为正向偏置。此时外加电压在 PN 结中产生的外电场和内电场方向相反，内电场被削弱，多数载流子的扩散运动增强，形成较大的扩散电流(正向电流)，PN 结处于导通状态。在一定范围内，外电场越强，正向电流(由 P 区流向 N 区的电流)越大。正向偏置时，PN 结呈现的电阻很低，一般为几欧到几百欧。

　　若在 PN 结上加反向电压，即外电源的正极接 N 区，负极接 P 区，则称为反向偏置。此时外加电压在 PN 结中产生的外电场和内电场方向一致，于是破坏了扩散和漂移运动的平衡。外电场驱使空间电荷区两侧的空穴和自由电子移动，使得空间电荷增强，空间电荷区变宽，内电场增强，使多数载流子的扩散运动很难进行。但另一方面，内电场的增强也加强了少数载流子的漂移运动。由于少数载流子数量很少，因此反向电流不大，即 PN 结呈现的反向电阻很高，可以认为 PN 结基本上不导电，处于截止状态。反向电阻一般为几千欧到十几兆欧。由于少数载流子是由于价电子获得热能(热激发)挣脱共价键的束缚而产生的，环境温度愈高，少数载流子的数量愈多，所以温度对反向电流的影响较大。由以上分析可知，PN 结具有单向导电性。在 PN 结上加正向电压时，PN 结电阻很低，正向电流较大，PN 结处于正向导通状态；加反向电压时，PN 结电阻很高，反向电流很小，PN 结处于截止状态。图 3.32 是半导体 PN 结在零偏、负偏、正偏下的耗尽区。扩散的结果使得结合区两侧的 P 型区出现负电荷，N 型区带正电荷，形成一个势垒，由此而产生的内电场将阻止扩散运动的继续进行，当两者达到平衡时，在 PN 结两侧形成一个耗尽区，耗尽区的特点是无自由载流子，呈现高阻抗。当 PN 结反偏时，外加电场与内电场方向一致，耗尽区在外电场作用下变宽，使势垒加强；当 PN 结正偏时，外加电场与内电场方向相反，耗尽区

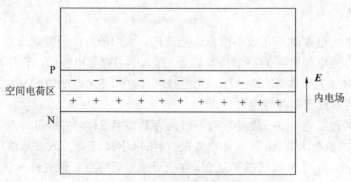

图 3.32　PN 结的耗尽区示意图

在外电场作用下变窄，势垒削弱，使载流子扩散运动继续形成电流，此即为 PN 结的单向导电性，电流方向是从 P 指向 N。

2. 硅光电池的工作原理

光电转换器件主要是利用物质的光电效应，即物质在一定频率的照射下释放出光电子的现象。当光照射金属、金属氧化物或半导体材料的表面时，会被这些材料内的电子所吸收，如果光子的能量足够大，吸收光子后的电子可挣脱原子的束缚而溢出材料表面，这种电子称为光电子，这种现象称为光电子发射，又称为外光电效应。有些物质受到光照射时，其内部原子释放电子，但电子仍留在物体内部，使物体的导电性增强，这种现象称为内光电效应。光电二极管是典型的光电效应探测器。当 PN 结及其附近被光照射时，就会产生载流子（即电子-空穴对）。结区内的电子-空穴对在势垒区电场的作用下，电子被拉向 N 区，空穴被拉向 P 区，从而形成光电流。同时势垒区一侧一个扩展长度内的光生载流子先向势垒区扩散，然后在势垒区电场的作用下也参与导电。当入射光强度变化时，光生载流子的浓度及通过外回路的光电流也随之发生相应的变化。在入射光强度的很大动态变化范围内这种变化能保持较好的线性关系。

3. 硅光电池的伏安特性

硅光电池是一个大面积的光电二极管，其基本结构如图 3.33 所示，当半导体 PN 结处于零偏或负偏时，在它们的结合面耗尽区存在一内电场。当没有光照射时，光电二极管相当于普通的二极管，其伏安特性是

$$I = I_s(e^{\frac{eU}{kT}} - 1) \tag{3-22}$$

式中，I 为流过二极管的总电流，I_s 为反向饱和电流，e 为电子电荷，k 为玻耳兹曼常量，T 为工作绝对温度，U 为加在二极管两端的电压。对于外加正向电压，I 随 U 指数增长，称为正向电流；当外加电压反向时，在反向击穿电压之内，反向饱和电流基本上是个常数。当有光照时，入射光子将把处于介带中的束缚电子激发到导带，激发出的电子空穴对在内电场作用下分别飘移到 N 型区和 P 型区，当在 PN 结两端加负载时就有一光生电流流过负载。流过 PN 结两端的电流可由下式确定：

$$I = I_s(e^{\frac{eU}{kT}} - 1) - I_p \tag{3-23}$$

此式表示硅光电池的伏安特性。式中，I 为流过硅光电池的总电流，I_s 为反向饱和电流，U 为 PN 结两端电压，T 为工作绝对温度，I_p 为产生的反向光电流。从式中可以看到，当光电池处于零偏时，$U = 0$，流过 PN 结的电流 $I = I_p$；当光电池处于负偏时流过 PN 结的电流 $I = I_p - I_s$。因此，当光电池用作光电转换器时，光电池必须处于零偏或负偏状态。

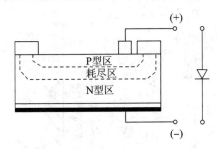

图 3.33　硅光电池基本结构示意图

4. 硅光电池的负载特性

光电池作为电池使用如图 3.34 所示。在内电场作用下，入射光子由于内光电效应把处于价带中的束缚电子激发到导带，从而产生光伏电压，在光电池两端加一个负载就会有电流流过，当负载很小时，电流较小而电压较大；当负载很大时，电流较大而电压较小。实验时可改变负载电阻 R_L 的值来测定硅光电池的负载特性。

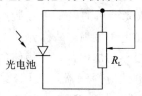

图 3.34　硅光电池负载特性的测定

四、实验内容及步骤

(1) 在没有光源(全黑)的条件下，测量太阳能电池正向偏压时的 $I—U$ 特性(直流偏压为 0～3 V)。

① 设计测量电路如图 3.35 所示，并连接电路。

② 利用测得的正向偏压时的 $I—U$ 关系数据，画出 $I—U$ 曲线并求出常数 $\beta = \dfrac{q}{nkT}$ 和 I_0 的值。

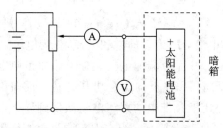

图 3.35　全暗条件下的测试电路图

(2) 在不加偏压时，用白色光照射，测量太阳能电池的一些特性。注意此时光源到太阳能电池的距离保持为 20 cm。

① 设计测量电路如图 3.36 所示，并连接电路。

② 测量电池在不同负载电阻下，I 对 U 的变化关系，画出 $I—U$ 曲线图。

③ 求短路电流 I_{SC} 和开路电压 U_{OC}。

④ 求太阳能电池的最大输出功率及最大输出功率时的负载电阻。

⑤ 计算填充因子 $\text{FF} = \dfrac{P_{\max}}{I_{SC} U_{OC}}$。

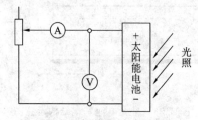

图 3.36　不加偏压时测量电路图

（3）测量太阳能电池的光电效应与电光性质。

在暗箱中（用遮光罩挡光），取离白光源 20 cm 水平距离光强作为标准光照强度，用光功率计测量该处的光照强度 J_0；改变太阳能电池到光源的距离，用光功率计测量该处的光照强度 J，求光强 J 与位置的关系。测量太阳能电池接收到相对光强度 J/J_0 为不同值时的相应的 I_{SC} 和 U_{OC} 的值。

① 设计测量电路图，并连接。

a. 测量太阳能电池接收到相对光强度 J/J_0 为不同值时相应的 I_{SC} 和 U_{OC} 的值。

b. 描绘 I_{SC} 与相对光强 J/J_0 之间的关系曲线，求 I_{SC} 与相对光强 J/J_0 之间的近似关系函数。

c. 描绘 U_{OC} 与相对光强 J/J_0 之间的关系曲线，求 U_{OC} 与相对光强 J/J_0 之间的近似关系函数。

② 数据记录及处理。

a. 将全暗情况下太阳能电池在外加偏压时的伏安特性记录于下表。

U/V									
$I/\mu A$									

b. 在不加偏压时，在使用遮光罩的条件下，保持白光源到太阳能电池的距离为 20 cm，测量太阳能电池的输出电流与太阳能电池的输出电压的关系。测量太阳能电池在光照时的输出功率与负载电阻的关系，并在图 3.37 中描绘出 $P\text{-}R$ 关系曲线。

c. 测量太阳能电池的 I_{SC} 和 U_{OC} 与相对光强 J/J_0 的关系。

图 3.37　输出功率 P 与负载电阻 R 的关系

五、注意事项

（1）连接电路时，保持太阳能电池无光照条件。

（2）避免太阳光照射太阳能电池。

（3）连接电路时，保持电源开关断开。

3.6　晶体的电光效应实验

电光效应是指某些晶体在外加电场中，随着电场强度的改变，晶体的折射率会发生改变的现象。外电场作用于晶体材料所产生的电光效应分为两种，一种是泡克耳斯效应，产生这种效应的晶体通常是不具有对称中心的各向异性晶体；另一种是克尔效应，产生这种效应的晶体通常是具有任意对称性质的晶体或各向同性介质。已使用的电光晶体主要是一些高电光品质因子的晶体和晶体薄膜。在可见波段，常用的电光晶体有磷酸二氢钾、磷酸二氢铵、铌酸锂、钽酸锂等晶体。前两种晶体有较高的光学质量和光损伤阈值，但其半波电压较高，而且要采用防潮解措施。后两种晶体有低的半波电压，物理化学性能稳定，但其光损伤阈值较低。在红外波段，实用的电光晶体主要是砷化镓和碲化镉等半导体晶体。电光晶体主要用于制作光调制器、扫描器、光开关等器件。在大屏幕激光显示汉字信息处理以及光通信方面也有一定的应用前景。

一、实验目的

(1) 研究铌酸锂晶体(LN)的横向电光效应，观察锥光干涉图样，测量半波电压。
(2) 学习电光调制的原理和实验方法，掌握调试技能。
(3) 利用电光调制实现模拟光通信。

二、实验仪器

本实验主要使用的仪器有：铌酸锂晶体、氦氖激光器、晶体电光效应实验仪、偏振器、$\lambda/4$ 波片、双踪示波器。

三、实验原理

1. 晶体的折射率椭球

根据光的电磁理论知道，光波是一种电磁波。在各向异性介质中，光波中的电场强度矢量 $\boldsymbol{E}$ 与电位移矢量 $\boldsymbol{D}$ 的方向是不同的。

对于任意一种晶体，我们总可以找到一个直角坐标系(x, y, z)，而在此坐标系中有 $D_i = \varepsilon_0 \varepsilon_{ri} E_i$ $(i = x, y, z)$。这样的坐标系(x, y, z)叫做主轴坐标系。

光波在晶体中的传播性质可以用一个折射率椭球来描述，如图 3.38 所示，在晶体的主轴坐标系中，折射率椭球的表达式可写为

$$\frac{x^2}{n_1^2} + \frac{y^2}{n_2^2} + \frac{z^2}{n_3^2} = 1 \qquad (3-24)$$

其中，$n_i = \sqrt{\varepsilon_{ri}}$ $(i = x, y, z)$，是晶体的三个主轴方向的折射率。

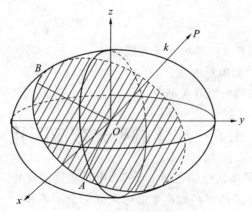

图 3.38　光波在晶体中的传播

对于单轴晶体(如本实验所用的 LN 晶体)有 $n_x = n_y = n_0$，$n_z = n_e$，于是单轴晶体折射率椭球方程为

$$\frac{x^2 + y^2}{n_0^2} + \frac{z^2}{n_e^2} = 1 \tag{3-25}$$

由此看出，单轴晶体的折射率椭球是一个旋转对称的椭球。

2. LN 晶体的电光效应

以上讨论的是没有外界影响时的折射率椭球，也就是晶体的自然双折射。当晶体处在一个外加电场中时。晶体的折射率会发生变化，改变量的表达式为

$$\Delta\left(\frac{1}{n^2}\right) = \frac{1}{n^2} - \frac{1}{n_0^2} = \gamma E + pE^2 + \cdots\cdots \tag{3-26}$$

其中，n 是受外场作用时晶体的折射率，n_0 是自然状态下晶体的折射率，E 是外加电场强度，γ 和 p 是与物质有关的常数。式(3-26)右边第一项表示的是线性电光效应，又称为普克尔效应，因此 γ 叫做线性电光系数；第二项表示的是二次电光效应，又称为克尔效应，因此 p 也叫做二次电光系数。本实验只涉及到线性电光效应。

LN 晶体通常采用横向加压、z 向通光的运用方式，即在主轴 y 方向加电场 E_y 而 $E_x = E_z = 0$，有外电场时折射率椭球的主轴一般不再与原坐标轴重合。将坐标系经过适当的旋转后得到一个新的坐标系(x'，y'，z')，使折射率椭球变为

$$\frac{x'^2}{n_{x'}^2} + \frac{y'^2}{n_{y'}^2} + \frac{z'^2}{n_{z'}^2} = 1 \tag{3-27}$$

这里 $n_{x'}$、$n_{y'}$、$n_{z'}$ 是有电场时的三个主折射率，叫做感应主折射率，坐标系(x'，y'，z')叫做感应主轴坐标系。

在(x'，y'，z')坐标系中，折射率椭球的方程为

$$\left(\frac{1}{n_0^2} - \gamma_{22}E_y\right)x'^2 + \left(\frac{1}{n_0^2} - \gamma_{22}E_y\right)y'^2 + \frac{1}{mn_e^2}z'^2 = 1 \tag{3-28}$$

将式(3-28)同式(3-27)比较，就可得出：

$$\begin{cases} \dfrac{1}{n_{x'}^2} = \dfrac{1}{n_0^2} - \gamma_{22}E_y \\[2mm] \dfrac{1}{n_{y'}^2} = \dfrac{1}{n_0^2} + \gamma_{22}E_y \\[2mm] n_{z'} = n_e \end{cases} \tag{3-29}$$

一般情况下，有 $\gamma_{22}E_y \ll 1/n_0^2$，于是

$$\begin{cases} n_{x'} = n_0 + \dfrac{1}{2}n_0^3\gamma_{22}E_y \\[2mm] n_{y'} = n_0 - \dfrac{1}{2}n_0^3\gamma_{22}E_y \\[2mm] n_{z'} = n_e \end{cases} \tag{3-30}$$

上述结果表明，在 LN 晶体的 y 轴方向上加电场时，原来的单轴晶体($n_x = n_y = n_0$，$n_z = n_e$)变成双轴晶体($n_{x'} \neq n_{y'} \neq n_{z'}$)，折射率椭球在 $x'y'$ 平面的截线由原来的圆变成了椭圆，椭圆的短轴 x'(或 y')与 x 轴(或 y 轴)平行，感应主轴的长短与 E_y 的大小有关，这就显示了晶体的线性电光效应。

3. LN 晶体的横向电光相移

当入射光沿晶体光轴 z 方向传播时，电矢量在 x' 方向振动的光波与在 y' 方向振动的光波传播速度不同（这是因为 $n_{x'} \neq n_{y'}$），因此通过长度为 l 的电光晶体后要产生位相差 φ：

$$\varphi = \frac{2\pi}{\lambda}(n_{x'} - n_{y'})l = \frac{2\pi}{\lambda}n_0^3 \gamma_{22} V \frac{l}{d} \qquad (3-31)$$

其中，l 是晶体的通光长度，d 是晶体在 y 方向的厚度，$V = E_y d$ 是外加电压，此式表明，由 E_y 引起的位相差与加在晶体上的电压 V 成正比，这种以电场方向和光传播方向相互垂直的方式工作的电光调制器称为横向调制器。

在电光效应中，将两个光波产生位相差为 π 时晶体上所加的电压称为"半波电压"，记为 V_π，于是

$$\varphi = \pi = \frac{2\pi}{\lambda}n_0^3 \gamma_{22}(V_\pi) \frac{l}{d} \qquad (3-32)$$

所以有，

$$V_\pi = \left(\frac{\lambda}{2n_0^3 \gamma_{22}}\right)\frac{d}{l} \qquad (3-33)$$

已知调制器的半波电压后，可直接由所加电压控制或读出对应的相位延迟，故电光调制器也是一种补偿器——电光补偿器。电光补偿器的相位延迟量可用所加电压量表示和控制，因此用电光补偿器可以很容易地实现有关位相量的自动检测。许多物理量如折射率、长度、温度、应力乃至气体密度、浓度变化均会引起位相差发生相应的变化，这些物理量微小的变化可用电光补偿器直接测量或控制。所以电光补偿器也可当作一种传感器使用。

4. 电光调制器的工作原理

LN 晶体横向电光调制器的结构如图 3.39 所示。当光经过起偏器 P 后变成振动方向为 OP 的线偏振光，进入晶体（$z=0$）后被分解为沿 x' 和 y' 轴的两个分量，因为 OP 与 x' 轴、y' 轴的夹角都是 45°，所以位相和振幅都相等，即 $E_{x'}(O) = E_{y'}(O) = A$，于是入射光的强度为

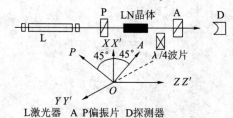

L激光器　A P偏振片　D探测器

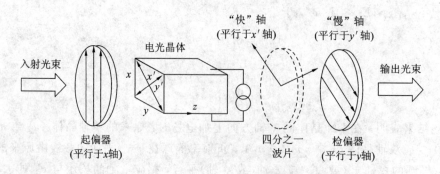

图 3.39　横向电光调制器装置示意图

$$I \propto E \cdot E^* = |E_{x'}(O)|^2 + |E_{y'}(O)|^2 = 2A^2 \tag{3-34}$$

当光经过长为 l 的 LN 晶体后，x' 和 y' 分量之间就产生位相差 φ，即

$$\begin{cases} E_{x'}(l) = A \\ E_{y'}(l) = Ae^{-i\varphi} \end{cases} \tag{3-35}$$

从检偏器 A（它只允许 OA 方向上振动的光通过）出射的光为 $E_{x'}(l)$ 和 $E_{y'}(l)$ 在 OA 轴上的投影之和：

$$(E_y)_o = \left(\frac{A}{\sqrt{2}}\right)(e^{-i\varphi} - 1) \tag{3-36}$$

于是对应的输出光强为

$$I_o \propto (E_y)_o^* (E_y)_o = \left(\frac{A^2}{2}\right)\lfloor(e^{-i\varphi} - 1)(e^{i\varphi} - 1)\rfloor = \frac{2A^2 \sin^2\varphi}{2} \tag{3-37}$$

将输出光强与输入光强比较，最后得到：

$$\frac{I_o}{I_i} = \sin^2\frac{\varphi}{2} = \sin^2\left(\frac{\pi V}{2V_\pi}\right) \tag{3-38}$$

I_o/I_i 为透射率，它与外加电压 V 之间的关系曲线就是光强调制特性曲线，见图 3.40。本实验就是通过测量透过光强随加在晶体上电压的变化得到半波电压 V_π。

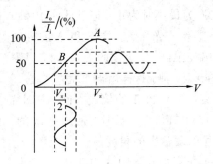

图 3.40　透过率与电压的关系曲线

由图 3.40 可知，透过率与 V 的关系是非线性的，若不选择合适的工作点会使调制光强发生畸变，但在 $V = V_\pi/2$ 附近有一直线部分（即光强与电压成线性关系），这就是线性调制部分。为此，我们在调制光路中插入一个 $\lambda/4$ 波片，其光轴与 OP 成 45°角，它可以使 x' 和 y' 两个分量间的位相有一个固定的 $\pi/2$ 位相延迟，这时若外加电场是一个幅度变化不太大的周期变化电压，则输出光波的光强变化与调制信号成线性关系，即

$$\frac{I_o}{I_i} = \sin^2\left[\frac{1}{2}\left(\frac{\pi}{2} + \frac{\pi V}{V_\pi}\right)\right] = \frac{1}{2}\left[1 + \sin\left(\frac{\pi V}{V_\pi}\right)\right] \tag{3-39}$$

其中，V 是外加电压，可以写成 $V = V_m \sin\omega_m t$，但是如果 V_m 太大，就会发生畸变，输出光强中将包含奇次高次谐波成分。当 $V_m/V_\pi \ll 1$ 时，

$$\frac{I_o}{I_i} = \frac{1}{2}\left[1 + \frac{\pi V_m}{V_\pi}\sin\omega_m t\right] \tag{3-40}$$

四、实验步骤及内容

1. 光路调节

（1）调整激光器与光具座同轴，确保出射光水平。将起偏器 P 与检偏器 A 调节成相互垂直（即偏振方向相互正交），此时透过 A 的光强应为最小（如果 P 和 A 都是理想的话，则应无光通过，即"消光"）。

（2）将装有 LN 晶体的支架放在 P 与 A 之间（尽量靠近 A，以便观察锥光干涉图），调节 LN 支架，使 LN 晶体的光轴（z 轴）与激光束平行，并使激光光束从 LN 晶体的几何中心通过。观察比较 LN 晶体在不加电场（单轴晶体）和加电场后（双轴晶体）的锥光干涉图样变化。具体方法是：在 A 之后放一白纸，可看到，由于锥光干涉产生的十字阴影，使激光束处在黑十字阴影的正中时，就可以认为大体调好了。将 LN 晶体与晶体电光效应仪前面板的直流电压输出端用同轴电缆相连，调节"粗调"旋钮，缓慢增加 LN 晶体上的直流电压，仔细观察"锥光"干涉图变化，记录现象。LN 晶体加电场后成为双轴晶体，干涉图样更为复杂。其鲜明的特征是有一对"猫眼"，这正是晶体两条光轴的方位。

（3）调节 LN 晶体的感应主轴 x' 和 y' 与 P 和 A 的偏振方向成 45° 夹角。调节方法可参考如下步骤：首先在晶体上加上直流电压（100 V 左右），然后使 P 和 A 向同一方向转过同样的角度，直到通过 A 的光强为最小时为止，记下此时 P 和 A 在刻度盘上的角度值。这时外加电压的变化不能改变透过 A 的光强。这样 P 和 A 的方向与 x' 和 y' 平行。然后当需要测量半波电压（通过 A 的输出光强随 V_π 变化的关系）时，只需 P 和 A 向同一方向转过 45°，即 P 和 A 平行于 LN 晶体的 x、y 轴。这样就调节完了。

（4）将 $\lambda/4$ 波片加入光路，在 P 和 A 的偏振方向与 LN 晶体 x' 和 y' 轴平行的状态下，当晶体上不加电压（$V_\pi = 0$）时，旋转 $\lambda/4$ 波片，使透过 A 的光强最小，此时波片的光轴与 P 平行或垂直。记下此时波片刻度盘上的角度值。

（5）若需要将调制器的工作点放在如图 3.40 中的 B 点处，就将 $\lambda/4$ 波片旋转 45°。

2. 单轴晶体的直流电光调制与半波电压测定

将 P 和 A 向同一方向旋转 45°，使 P 和 A 的偏振方向平行于 LN 晶体的 x、y 轴，即与感应主轴 x' 和 y' 成 45° 夹角。将光电探测器置于 A 后的光路中，连线接于前面板的光电输入端，开关指向光功率，给 LN 晶体施加直流电压，由 0 到 600 V 每步 40～50 V，记录相应的出射光功率数值，作相应的光强调制曲线。光强最大值对应的电压就是半波电压。

3. 单轴晶体的正弦电光调制

在 P 和 A 的偏振方向与 LN 晶体的 x、y 轴平行的状态下，给 LN 晶体同时施加横向直流电压和较弱的正弦交流电压。调节直流电压值，改变调制器的工作点，用示波器观察输出信号的特点，尤其在 $\varphi_D = \pi/2$ 时的线性调制部分及在 $\varphi_D = 0$、π 时的倍频输出信号。

具体调制方法：将 LN 晶体与调制信号的输出端相连接，调制信号的输出为在直流电压上叠加有 400 Hz 的交流正弦电压。监测端和双踪示波器的一个通道相连；光功率显示部分的检测和示波器另一个通道相连，将"内外开光"置于内挡。"调节"旋钮可以改变400 Hz 正弦波信号的输出幅度。直流电压的大小是通过直流电压部分的"粗调"和"细调"来调节的，表头显示其数值。示波器的输入选择置于交流挡，适当调节示波器的衰减挡位及扫描时基，观察调节直流电压时，透过 A 的光强的变化情况，工作点随之变化。当直流电压为零时，A 的输出为倍频信号；当电压信号为 $V_\pi/2$ 时，A 的输出为线性放大信号；当电压为 V_π 时，A 的输出为倍频信号。

4. 用 λ/4 波片选择调制工作点，理解光电效应原理

具体操作方法：在 P 和 A 之间加入 λ/4 波片，使其快轴、慢轴与 P 和 A 的偏振方向成 45°的夹角。在 LN 晶体不加直流电压，只加交流电压情况下，在示波器上观察交流电压调制的光强波形。旋转 λ/4 波片，观察特征角度与调制的光强波形，并与上一步骤的结果对比。注意：LN 晶体只加交流电压，接在调制信号处的输出是 400 Hz 的正弦波电压，接在交流电压处的输出是 50 Hz 的正弦波电压，由于隔离变压器的磁饱和作用，会引起 50 Hz 的正弦波电压波形的峰值被削平，波形失真较大。

5. 利用电光调制进行音频激光通信实验

用收音机的输出信号对电光晶体进行调制，改变工作点，监听音乐播放质量。利用遮光和通光体会激光通信原理。

3.7　晶体声光效应实验

声光效应是指光通过某一受到超声波扰动的介质时发生衍射的现象，这种现象是光波与介质中声波相互作用的结果。早在 20 世纪 30 年代就开始了声光衍射的实验研究。60 年代激光器的问世为声光现象的研究提供了理想的光源，促进了声光效应理论和应用研究的迅速发展。声光效应为控制激光束的频率、方向和强度提供了一个有效的手段。利用声光效应制成的声光器件，如声光调制器、声光偏转器和可调谐滤光器等，在激光技术、光信号处理和集成光通信技术等方面有着重要的应用。

一、实验目的

(1) 学会观察声光效应衍射图样。

(2) 学习声光调制的方法。

(3) 学会计算衍射效率、布拉格衍射角、声速。

二、实验仪器

本实验所用仪器包括：氦氖激光器、声光调制器、小二维架、控制电箱、光学导轨、白屏、滑座等。

三、实验原理

当超声波在介质中传播时，将引起介质的弹性应变作时间上和空间上的周期性变化，并且导致介质的折射率也发生相应的变化。当光束通过有超声波的介质后就会产生衍射现象，这就是声光效应。有超声波传播着的介质如同一个相位光栅。

声光效应有正常声光效应和反常声光效应之分。在各向同性介质中，声-光相互作用不导致入射光偏振状态的变化，产生正常声光效应。在各向异性介质中，声-光相互作用可能导致入射光偏振状态的变化，产生反常声光效应。反常声光效应是制造高性能声光偏转器和可调滤光器的物理基础。正常声光效应可用喇曼-纳斯的光栅假设作出解释，而反常声光效应不能用光栅假设作出说明。在非线性光学中，利用参量相互作用理论，可建立起声-光相互作用的统一理论，并且运用动量匹配和失配等概念对正常和反常声光效应都可作出解释。本实验只涉及到各向同性介质中的正常声光效应。

如图 3.41 所示，设声光介质中的超声行波是沿 y 方向传播的平面纵波，其角频率为 ω_s，波长为 λ_s，波矢为 k_s。入射光为沿 x 方向传播的平面波，其角频率为 ω，在介质中的波长为 λ，波矢为 k。介质内的弹性应变也以行波形式随声波一起传播。由于光速大约是声波的 10^5 倍，在光波通过的时间内介质在空间上的周期变化可看成是固定的。由于应变而引起的介质折射率的变化由下式决定：

$$\Delta n = \Delta\left(\frac{1}{n^2}\right)PS \tag{3-41}$$

式中，n 为介质折射率，S 为应变，P 为光弹系数。通常，P 和 S 为二阶张量。当声波在各向同性介质中传播时，P 和 S 可作为标量处理。如前所述，应变也以行波形式传播，所以可写成

$$S = S_0\sin(\omega_s t - k_s y) \tag{3-42}$$

当应变较小时，折射率作为 y 和 t 的函数可写作

$$n(y,\ t) = n_0 + \Delta n\sin(\omega_s t - k_s y) \tag{3-43}$$

式中，n_0 为无超声波时的介质折射率，Δn 为声波折射率变化的幅值，由式(3-41)可求出

$$\Delta n = -\frac{1}{2}n^3 PS_0$$

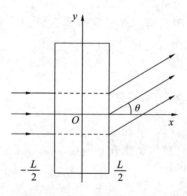

图 3.41　声光衍射

设光束垂直入射($k \perp k_s$)并通过厚度为 L 的介质，则前后两点的相位差为

$$\begin{aligned}
\Delta\Phi &= k_0 n(y,\ t)L \\
&= k_0 n_0 L + k_0\Delta nL\sin(\omega_s t - k_s y) \\
&= \Delta\phi_0 + \Delta\phi\sin(\omega_s t - k_s y)
\end{aligned} \tag{3-44}$$

式中，k_0 为入射光在真空中的波矢的大小，右边第一项 $\Delta\phi_0$ 为不存在超声波时光波在介质前后二点的相位差，第二项为超声波引起的附加相位差(相位调制)，$\phi = k_0\Delta nL$。可见，当平面光波入射在介质的前界面上时，超声波使出射光波的波阵面变为周期变化的皱折波面，从而改变了出射光的传播特征，使光产生衍射。

设入射面上 $x = -L/2$ 的光振动为 $E_i = Ae^{i\omega}$，A 为一常数(也可是复数)。考虑到在出射面 $x = L/2$ 上各点相位的改变和调制，在 xy 平面内离出射面很远一点处的衍射光叠加

结果为

$$E \propto A \int_{-\frac{b}{2}}^{\frac{b}{2}} e^{i[(\omega t - k_0 n(y, t)L) - k_0 y\sin\theta]} dy$$

将其写成一等式，为

$$E = Ce^{i\omega t} \int_{-\frac{b}{2}}^{\frac{b}{2}} e^{i\delta\phi\sin(k_s y - \omega_s t)} e^{-ik_0 y\sin\theta} dy \tag{3-45}$$

式中，b 为光束宽度，θ 为衍射角，C 为与 A 有关的常数，为了简单可取为实数。利用一与贝塞耳函数有关的恒等式：

$$e^{ia\sin\theta} = \sum_{m=-\infty}^{\infty} J_m(a) e^{im\theta}$$

式中，$J_m(a)$ 为(第一类)m 阶贝塞耳函数，将式(3-45)展升并枳分得

$$E = Cb \sum_{m=-\infty}^{\infty} J_m(\delta\phi) e^{i(\omega-m\omega_s)t} \frac{\sin[b(mk_s - k_0\sin B)/2]}{b(mk_s - k_0\sin\theta)/2} \tag{3-46}$$

上式中与第 m 级衍射有关的项为

$$E_m = E_0 e^{i(\omega-m\omega_s)t}$$

$$E_0 = CbJ_m(\delta\phi)\sin\frac{\sin[b(mk_s - k_0\sin\theta)/2]}{b(mk_s - k_0\sin\theta)/2} \tag{3-47}$$

因为函数 $\sin x/x$ 在 $x = 0$ 时取极大值，所以，衍射极大的方位角 θ_m 由下式决定：

$$\sin\theta_m = m\frac{k_s}{k_0} = m\frac{\lambda_s}{\lambda_0} \tag{3-48}$$

式中，λ_0 为真空中光的波长，λ_s 为介质中超声波的波长。与一般的光栅方程相比可知，超声波引起的有应变的介质相当于一光栅常数为超声波长的光栅。由(3-47)式可知，第 m 级衍射光的频率 ω_m 为

$$\omega_m = \omega - m\omega_s \tag{3-49}$$

可见，衍射光仍然是单色光，但发生了频移。由于 $\omega \gg \omega_s$，这种频移是很小的。

第 m 级衍射极大的强度 I_m 可用式(3-47)模数平方表示：

$$I_m = E_0 E_0^* = C^2 b^2 J_m^2(\delta\phi)$$

$$= I_0 J_m^2(\delta\phi) \tag{3-50}$$

式中，E_0^* 为 E_0 的共轭复数，$I_0 = C^2 b^2$。

第 m 级衍射极大的衍射效率 η_m 定义为第 m 级衍射光的强度与入射光强度之比。由式(3-50)可知，η_m 正比于 $J_m^2(\delta\phi)$。当 m 为整数时，$J_{-m}(a) = (-1)^m J_m(a)$。由式(3-48)和式(3-50)表明，各级衍射光相对于零级对称分布。

当光束斜入射时，如果声光作用的距离满足 $L < \lambda_s^2/2\lambda$，则各级衍射极大的方位角 θ_m 由下式决定：

$$\sin\theta_m = \sin i + m\frac{\lambda_0}{\lambda_s} \tag{3-51}$$

式中，i 为入射光波矢 k 与超声波波面之间的夹角。上述的超声衍射称为喇曼-纳斯衍射，有超声波存在的介质起一平面相位光栅的作用。

当声光作用的距离满足 $L > \lambda_s^2/2\lambda$，而且光束相对于超声波波面以某一角度斜入射时，在理想情况下除了 0 级之外，只出现 1 级或者 -1 级衍射。如图 3.42 所示。这种衍射与晶

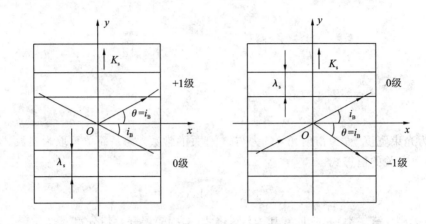

图 3.42　布拉格衍射

体对 X 光的布拉格衍射很类似，故称为布拉格衍射。能产生这种衍射的光束入射角称为布拉格角。此时有超声波存在的介质起体光栅的作用。可以证明，布拉格角满足：

$$\sin i_{\mathrm{B}} = \frac{\lambda}{2\lambda_{\mathrm{s}}} \tag{3-52}$$

式(3-52)称为布拉格条件。因为布拉格角一般都很小，故衍射光相对于入射光的偏转角 ϕ 为

$$\phi = 2i_{\mathrm{B}} \approx \frac{\lambda}{\lambda_{\mathrm{s}}} = \frac{\lambda_0}{v_{\mathrm{s}}} f_{\mathrm{s}} \tag{3-53}$$

式中，v_{s} 为超声波波速，f_{s} 为超声波频率，其它量的意义同前。在布拉格衍射的情况下，一级衍射光的衍射效率为

$$\eta = \sin^2 \left[\frac{\pi}{\lambda_0} \sqrt{\frac{M_2 L P_{\mathrm{s}}}{2H}} \right] \tag{3-54}$$

式中，P_{s} 为超声波功率，L 和 H 为超声换能器的长和宽，M_2 为反映声光介质本身性质的一常数，$M_2 = n^6 P^2 / \rho v_{\mathrm{s}}$，$\rho$ 为介质密度，P 为光弹系数。在布拉格衍射下，衍射光的频率也由式(3-49)决定。

理论上布拉格衍射的衍射效率可达到 100%，喇曼-纳斯衍射中一级衍射光的最大衍射效率仅为 34%，所以实用的声光器件一般都采用布拉格衍射。

由式(3-53)和式(3-54)可看出，通过改变超声波的频率和功率，可分别实现对激光束方向的控制和强度的调制，这是声光偏转器和声光调制器的物理基础。从式(3-49)可知，超声光栅衍射会产生频移，因此利用声光效应还可制成频移器件。超声频移器在计量方面有重要应用，如用于激光多普勒测速仪等。

以上讨论的是超声行波对光波的衍射。实际上，超声驻波对光波的衍射也产生喇曼-纳斯衍射和布拉格衍射，而且各衍射光的方位角和超声频率的关系与超声行波时的相同。不过，各级衍射光不再是简单地产生频移的单色光，而是含有多个傅里叶分量的复合光。

四、实验内容及步骤

1. 观察衍射图样

(1) 将激光管装入激光器架，移动光靶装在一个无横向调节装置的普通滑座上，光传

感器的探头装在移动测量架上。先转动百分手轮，将测量架调到适当位置，并使移动光靶倒退，直到靶后的圆筒能够套在测量架的进光口上。

（2）再接通激光器电源，在沿导轨逐步移动光靶的过程中，随时调节激光器架上的六个手钮，使光点始终打在靶心上，再反复调节。

（3）装上声光调制器件，确保驱动电源的"调制输出"与声光调制器相连接，通过支架调整声光器件的位置使得激光束通过调制器电极中心。此时"调制切换"为 OFF 状态，即无外加调制。

（4）在光传感器前合适位置放上白屏，观察衍射图样，微调声光调制器或者支架，使得一级衍射强度调到最高。

2. 显示声光调制加载信号

（1）将控制电箱的"调制切换"切换到 ON 挡，此时可以在调制输出的基础上加载外调制信号。

（2）将控制电箱的"正弦信号输出"通过连接线接到"调制信号输入"，此时将内置的 1 kHz 的正弦信号加载到声光晶体上。将滑动座上的白屏取下，转动鼓轮，横向微调移动测量架，使衍射次级大进入光传感器接收口，然后仔细调节。

（3）此时可以通过示波器连接控制电箱的"解调输出"，通过示波器观察解调波形，同时可以与"正弦信号输出"这一内置 1 kHz 的正弦信号比较。

3. 测量并计算声光调制衍射效率、布拉格衍射角及声速

（1）将滑动座上的白屏取下，横向微调移动测量架（转动百分鼓轮），使衍射中央主极大进入光传感器接收口，然后仔细微调，观察数显值。

（2）按直尺和鼓轮上的读数和光电流数字显示，记下光电探头位置和相对光强的数值。

（3）选定任意的单方向转动鼓轮，并且每转动 0.1 mm（百分鼓轮上的 10 个格）记录一次数据，直到测完主极大和次极大位置和对应的光强值显示数。

（4）激光器的功率输出或光传感器的电流输出有些起伏，属正常现象。使用前经 10～20 min 预热，可能会好些。实际上，接收装置显示数值的起伏变化小于 10% 时，对衍射图样的绘制并无明显影响。

（5）衍射效率 η 定义为 $\eta = I_{max}/I_0$，即最大衍射光强 I_{max} 与入射光强 I_0 之比，分别测得最强衍射光与入射光的光强值，其比值即为衍射效率。

（6）根据以上步骤中所测量的主极大和次极大之间的距离 ΔL，以及声光调制器出射孔和光电探头之间的距离 L，可得到布拉格衍射角的大小 $\theta = \Delta L/2L$。

（7）衍射光相对于入射光的偏转角度 $\phi = 2\theta = \lambda/\lambda_s$，其中 λ 为激光波长，λ_s 为超声波波长。已知超声波频率为 $\nu = 100$ MHz，根据 $f = \nu\lambda$，可以得到在晶体中声音传播速度的大小。

五、注意事项

（1）氦氖激光器的功率较大，不要用眼睛直接观察激光束。

（2）氦氖激光器不可直接入射探测器，避免损坏探测器。

（3）不允许用激光或者其他强光近距离直接照射光传感器。

3.8　液晶的电光效应实验

液晶是介于液体与晶体之间的一种物质状态。一般的液体内部分子排列是无序的，而液晶既具有液体的流动性，其分子又按一定规律有序排列，使它呈现晶体的各向异性。当光通过液晶时，会产生偏振面旋转、双折射等效应。液晶分子是含有极性基团的极性分子，在电场作用下，偶极子会按电场方向取向，导致分子原有的排列方式发生变化，从而液晶的光学性质也随之发生改变，这种因外电场引起的液晶光学性质的改变称为液晶的电光效应。

一、实验目的

（1）测定液晶样品的电光曲线。

（2）根据电光曲线，求出样品的阈值电压 U_{th}、饱和电压 U_r、对比度 D_r、陡度 β 等电光效应的主要参数。

（3）了解最简单的液晶显示器件（TN‑LCD）的显示原理。

二、实验仪器

本实验所用的仪器有：控制主机、导轨、滑块、半导体激光器、起偏器、液晶样品、检偏器及光电探测器。

三、实验原理

液晶态是一种介于液体和晶体之间的中间态，既有液体的流动性、粘度、形变等机械性质，又有晶体的热、光、电、磁等物理特性。它们之间的区别是：液体是各向同性的，分子取向无序；液晶分子有取向序，但无位置序，晶体则既有取向序又有位置序。

就液晶成型方式而言，可分为热致液晶和溶致液晶。液晶又分为近晶相、向列相和胆甾相。其中向列相液晶是液晶显示器件的主要材料。液晶具有低电压、微功耗、易彩色化、被动显示等特点，其显示器种类非常繁多，屏幕面积从几平方毫米到近一平方米，液晶显示方式可分为直视式显示、投影显示及虚拟式显示。因而液晶显示应用几乎覆盖所有显示应用领域。

1. 液晶电光效应

液晶分子是在形状、介电常数、折射率及电导率上具有各向异性特性的物质，如果对这样的物质施加电场（电流），随着液晶分子取向结构发生变化，它的光学特性也随之变化，这就是通常说的液晶的电光效应。

液晶的电光效应种类繁多，主要有动态散射型（DS）、扭曲向列相型（TN）、超扭曲向列相型（STN）、有源矩阵液晶显示（TFT）、电控双折射（ECB）宾主效应、相变效应、近晶效应等。其中应用较广的有：TFT 型——主要用于液晶电视、笔记本电脑等高档产品；STN 型——主要用于手机屏幕等中档产品；TN 型——主要用于电子表、计算器、仪器仪表、家用电器等中低档产品，是目前应用最普遍的液晶显示器件。TN 型液晶显示器件显示原理较简单，是 STN、TFT 等显示方式的基础。本实验室开设实验需要的仪器所使用的液晶样品即为 TN 型。

2. TN 型液晶盒结构

TN 式液晶盒结构如图 3.43 所示。

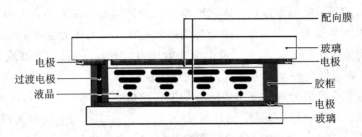

图 3.43　TN 型液晶盒结构图

TN 型液晶显示器是一个由上下两片导电玻璃制成的液晶盒，盒内充有液晶，四周密封。液晶盒厚一般为几个微米，其中上下玻璃片内侧镀有显示电极，以使外部电信号通过电极加到液晶上。上下玻璃基板内侧覆盖着一薄层高分子有机物定向层，经定向摩擦处理，可使棒状液晶分子平行于玻璃表面、沿定向处理的方向排列。上下玻璃表面的定向方向是相互垂直的，这样盒内液晶分子的取向逐渐扭曲，从上玻璃片到下玻璃片扭曲了 90°。液晶盒玻璃片的两个外侧分别贴有偏振片，这两个偏振片的偏光轴互相平行（常黑型）或相互正交（常白型），且于液晶盒表面定向方向相互平行或垂直。

3. TN 型电光效应

无外电场作用时，由于可见光波长远小于向列相液晶的扭曲螺距，当线偏振光垂直入射时，若偏振方向与液晶盒上表面分子取向相同，则线偏振光将随液晶分子轴方向逐渐旋转 90°，平行于液晶盒下表面分子轴方向射出（见图 3.44(a)中不通电部分，其中液晶盒上下表面各附一片偏振片，其偏振方向与液晶盒表面分子取向相同，因此光可通过偏振片射出）；若入射线偏振光偏振方向垂直于上表面分子轴方向，出射时，线偏振光方向亦垂直于下表面液晶分子轴；当以其他线偏振光方向入射时，则根据平行分量和垂直分量的相位差，以椭圆、圆或直线等某种偏振光形式射出。

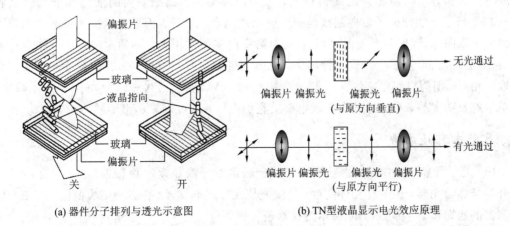

(a) 器件分子排列与透光示意图　　　(b) TN型液晶显示电光效应原理

图 3.44　TN 型液晶显示器件显示原理示意图

对液晶盒施加电压，当达到某一数值时，液晶分子长轴开始沿电场方向倾斜，电压继续增加到另一数值时，除附着在液晶盒上下表面的液晶分子外，所有液晶分子长轴都按电场方向进行重排列(见图 3.44(a)中通电部分)，TN 型液晶盒 90°旋光性完全消失。

若将液晶盒放在两片平行偏振片之间，其偏振方向与上表面液晶分子取向相同。不加电压时，入射光通过起偏器形成的线偏振光，经过液晶盒后偏振方向随液晶分子轴旋转 90°，不能通过检偏器；施加电压后，透过检偏器的光强与施加在液晶盒上电压大小的关系见图 3.45；其中纵坐标为透光强度，横坐标为外加电压。最大透光强度的 10% 所对应的外加电压值称为阈值电压(U_{th})，标志了液晶电光效应有可观察反应的开始(或称起辉)，阈值电压小，是电光效应好的一个重要指标。最大透光强度的 90% 对应的外加电压值称为饱和电压(U_r)，标志了获得最大对比度所需的外加电压数值，ΔU 小则易获得良好的显示效果，且降低显示功耗，对显示寿命有利。对比度 $D_r = I_{max}/I_{min}$，其中 I_{max} 为最大观察(接收)亮度(照度)，I_{min} 为最小亮度。陡度 $\beta = U_r/U_{th}$ 即饱和电压与阈值电压之比。

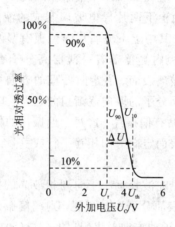

图 3.45　液晶电光曲线图

4. TN - LCD 结构及显示原理

TN 型液晶显示器件结构可参考图 3.44，液晶盒上下玻璃片的外侧均贴有偏光片，其中上表面所附偏振片的偏振方向总是与上表面分子取向相同。自然光入射后，经过偏振片形成与上表面分子取向相同的线偏振光，入射液晶盒后，偏振方向随液晶分子长轴旋转 90°，以平行于下表面分子取向的线偏振光射出液晶盒。若下表面所附偏振片偏振方向与下表面分子取向垂直(即与上表面平行)，则为黑底白字的常黑型，不通电时，光不能透过显示器(为黑态)，通电时，90°旋光性消失，光可通过显示器(为白态)；若偏振片与下表面分子取向相同，则为白底黑字的常白型，如图 3.44 所示结构。TN - LCD 可用于显示数字、简单字符及图案等，有选择地在各段电极上施加电压，就可以显示出不同的图案。

四、实验内容及步骤

(1) 光学导轨上依次为：半导体激光器—起偏器—液晶盒—检偏器(带光电探测器)。打开半导体激光器，调节各元件高度，使激光依次穿过起偏器、液晶盒、检偏器，打在光电探测器的通光孔上。如图 3.46 所示为仪器装置图。

(2) 接通主机电源，将光功率计调零，用话筒线连接光功率计和光电转换盒，此时光功率计显示的数值为透过检偏器的光强大小。旋转起偏器至 120°(出厂时已校准过)，使其偏振方向与液晶片表面分子取向平行(或垂直)。旋转检偏器，观察光功率计数值变化，若

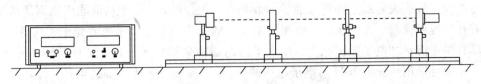

图 3.46　液晶电光效应实验仪器装置图

最大值小于 200 μW，可旋转半导体激光器，使最大透射光强大于 200 μW。旋转检偏器使透射光强达到最小。

（3）将电压表调至零点，用红黑导线连接主机和液晶盒，从 0 开始逐渐增大电压，观察光功率计读数变化，电压调至最大值后归零。

（4）从 0 开始逐渐增加电压，从 0～2.5 V，每隔 0.2 V 或 0.3 V 记一次电压及透射光强值；2.5 V 后每隔 0.1 V 左右记一次数据；6.5 V 后再每隔 0.2 V 或 0.3 V 记　次数据。在关键点附近宜多测几组数据。

（5）作电光曲线图，纵坐标为透射光强度值，横坐标为外加电压值。

（6）根据作好的电光曲线，求出样品的阈值电压 U_{th}、饱和电压 U_r、对比度 D_r 及陡度 β。

（7）演示黑底白字的常黑型 TN - LCD。拔掉液晶盒上的插头，光功率计显示为最小，即黑态；将电压调至 6～7 V 左右，连通液晶盒，光功率计显示最大数值，即白态。

3.9　弗兰克-赫兹实验

　　1914 年弗兰克和赫兹使用简单而有效的方法，用低速电子去轰击原子，观察测量到汞的激发电位和电离电位，即著名的 Franck - Hertz 实验，从而证明原子内部量子化能级的存在。

一、实验目的

（1）测定汞原子的第一激发电位。
（2）验证原子能级的存在。

二、实验仪器

本实验使用弗兰克-赫兹实验装置及附件。

三、实验原理

　　玻尔在 1913 年提出的原子结构假设：原子中绕核运动的电子所处的运动状态，只能处于能量为分立值 E_1，E_2，…，E_i 的诸状态中的一个状态。处于这些状态中的电子虽然绕核做加速运动，但不辐射能量，只有从能量较高的 E_n 状态过渡到能量较低的 E_m 状态时，电子才以光子的形式辐射能量。光子的能量 $h\nu$ 与 $E_n - E_m$ 相等，即

$$h\nu = E_n - E_m \tag{3-55}$$

式中，ν 为光子的频率，h 为普朗克常数，E 称为能级，从一能级到另一能级的过渡称为能级跃迁。

高能级到低能级的跃迁并释放能量一般是自发进行的，而原子从低能级向高能级的跃迁则需外界提供能量。这个能量可以用一定频率的光来照射使原子吸收光子而获得；也可以用具有一定能量的电子轰击原子，使电子的动能传递给原子。本实验是用后一种方法。电子的动能可以用加速电压 U 与电子电荷的乘积 eU 来表示，改变加速电压，即可改变电子动能。原子在没有受到外界扰动时，一般处于能量最低的基态，与基态能量差最小的受激态称为第一激发态，此能量差称为临界能量。当轰击原子的电子动能小于临界能量时，与原子碰撞后的电子没有能量损失，这种碰撞可视为二质量相差悬殊的物质间发生的弹性碰撞，只有当电子的动能大于临界能量时，电子与原子才产生非弹性碰撞而交换能量，电子将这部分临界能量转移给原子，原子就会从基态跃迁到第一激发态。将初速度为零的电子加速到具有临界能量的动能所加的加速电压 U_0 称为第一激发电位。

　　1914 年弗兰克(J. Franck)和赫兹(G. Hertz)所做的实验就是用加速电子轰击汞原子，测定了汞的第一激发电位，直接证明了原子内部能量量子化。后来他们又在同样的实验中测得被慢电子激发的原子返回基态时辐射光频率。因此，弗兰克-赫兹实验就成为玻尔理论的一个重要实验依据，对物理学的发展起过重要作用，他们的这项工作获得了 1925 年度诺贝尔奖。

　　实验原理图如图 3.47 所示。电子与原子的碰撞在密封的玻璃管中进行。管子密封前抽成真空后充汞，管中装有阳极 A、栅极 G、阴极 K。这种真空管称为弗兰克-赫兹管。实验时，弗兰克-赫兹管放于控温炉中，实验温度在 120℃～200℃ 范围内取值(具体值由实验室提供)。在实验温度下，管中汞由液态变为气态。在热阴极 K 与栅极 G 之间加电压 U_{GK}，在电场作用下，从阴极 K 发出的电子，在 KG 空间向栅极加速运动。在栅极 G 与阳极 A 之间加一较小的反向电压 U_{AG}，此电压使电子受到阻力，通常称为拒斥电压。弗兰克-赫兹管内极间电位分布见图 3.48 所示。

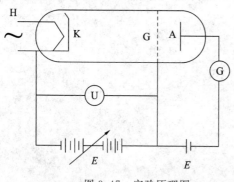

图 3.47　实验原理图

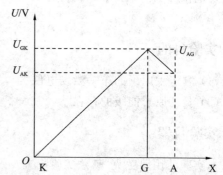

图 3.48　弗兰克-赫兹管内极间电位分布

　　当电子由 KG 空间进入 GA 空间时，如果电子能够冲过拒斥电场达到 A，就形成阳极电流。如果电子在 KG 空间栅极附近与汞原子发生了非弹性碰撞，并把自己的一部分能量交给了汞原子，电子剩下的动能就可能很少。这类电子就不能越过拒斥电场区 GA，不能到达阳极，不能形成阳极电流。如果这类参与原子激发的电子很多，微电流计的电流将显著下降。

　　逐渐增加栅极电压 U_{GK}，观察阳极电流 I_A 随 U_{GK} 的变化，可以得出如图 3.49 所示的 $I_A \sim U_{GK}$ 曲线。从曲线可以找出下列规律：

　　(1) 电流不是单调上升，曲线出现多次起伏，有若干极大值与极小值。

（2）相邻的二极大值或极小值对应的 U_{GK} 之差都是 4.9 V，只有第一峰值点电位不是 4.9 V。这可以解释成仪器接触电位差存在，使整个曲线发生平移。

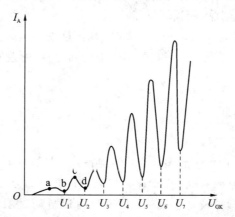

图 3.49　阳极电流随栅极电压变化关系曲线

以上规律解释如下：

（1）当 $U_{GK} < 4.9$ V 时，电子的动能随 U_{GK} 的增大而增大，但大部分电子不具有使汞原子激发的动能，只能与汞原子发生弹性碰撞，所以能克服拒斥电场到达阳极。如果注意到电子初速的统计分布，可以解释阳极电流 I_A 随 U_{GK} 的增加而单调地上升。当 U_{GK} 达到 4.9 V 时，那些在栅极附近与汞原子发生碰撞的电子，由于其能量已经大于或等于 eU_0，能将汞原子从基态激发到第一激发态。电子将自己从加速电场中获得的大部分动能交给了汞原子，这些电子即使穿过栅极也不能克服拒斥电场而折回栅极。所以阳极电流将显著减小。

（2）如果栅极电压继续增加到大于 4.9 V，则电子在没有到达栅极之前就有可能有足够的能量与汞原子发生非弹性碰撞，碰撞后的电子还可继续加速，这样一来，到达栅极时，电子又重新积累起穿过拒斥电场的能量，这就解释了 bc 段阳极电流的上升趋势。当栅极电压等于 2×4.9 V 时，很多电子在 KG 空间可能与汞原子发生第二次非弹性碰撞，从而再度失去穿越拒斥电场的能力，于是阳极电流再度下降，曲线出现第二个凹陷。以此类推，可以解释曲线其它极值的产生。被加速的电子在具有 4.9 eV 能量时才可能被汞原子吸收，就是说汞原子有选择地吸收能量而改变自己的运动状态。若认为在碰撞前汞原子处于能量最低状态，对应的能量为 E_0，吸收了 4.9 eV 的能量后，应跃迁到能量比 E_0 高 4.9eV 的 E_1 状态，即 $E_1 - E_0 = 4.9$ eV，当它从 E_1 态再跃回 E_0 态时，应以辐射光子的形式放出这部分能量。根据普朗克的假定，光辐射的波长 λ 由下式可得：

$$eU_0 = h\nu = h\frac{c}{\lambda} \tag{3-56}$$

对于汞原子，$U_0 = 4.9$ V，则

$$\lambda = \frac{hc}{eU_0} = \frac{6.63 \times 10^{-34} \times 3.00 \times 10^8}{4.9 \times 1.6 \times 10^{-19}} = 2.5 \times 10^3 \text{（Å）} \tag{3-57}$$

后来对弗兰克-赫兹实验管的观察，确实发现汞原子被加速电子碰撞后发出了波长为 253.7 nm 的光辐射。这样，弗兰克-赫兹实验就证明了玻尔的假定。

实验时，需使弗兰克-赫兹管维持一定温度。由于管内装有足够的液态汞，温度一定时，饱和汞蒸气有确定的密度，因此电子与汞原子的碰撞有大致确定的几率。这样可以得

到稳定的弗兰克-赫兹曲线，但是实验温度不能太低，否则汞蒸气密度太小。电子与汞原子碰撞的平均自由程太大，栅极电压较高时，两次碰撞之间积累的能量可能将汞原子电离。这时阳极电流突然增大，这就可能损坏仪器。

弗兰克-赫兹管内也可充入其它元素。这样，用同样的实验装置，可测得其它元素的第一激发电位。如充入氖、氩等气体，可在常温下进行弗兰克-赫兹实验，并测得原子的第一激发电位。

四、实验内容

1. 仪器调节

弗兰克-赫兹实验仪生产厂家较多，型号结构各异，但基本组成大致相同。整个实验装置分为三部分。第一部分是弗兰克-赫兹管和加热炉；第二部分是供电电源及机内读数装置；第三部分为机外外接读数及观察机构，此部分可以自动显示和记录弗兰克-赫兹实验曲线。本实验主要采用手控改变栅极电压，而用描点法测绘弗兰克-赫兹曲线，所以下面着重介绍手控操作的注意问题。

（1）将栅极电压调节功能选择置于手动，栅极电压调节置于使栅极电压最低。灯丝电压调置于使其电压最低。

（2）将弗兰克-赫兹管各级与供电电源相应的电极相连，注意 A、G、H、K 必须一一对应，不可混接或短路。

（3）接通供电电源及机内读数装置电源，让其预热，待稳定后对读数装置的"零点"和"满度"进行校准（具体方法见说明书）。

（4）调节炉温并观察温度计，当升到实验室所提供的温度数值并稳定后，调节灯丝电压。灯丝电压的选取，在充分利用放大器的功能后能满足测量要求的条件下，适当把电压选得低一些，以延长仪器的寿命（具体数值由实验室提供）。注意炉温过低时不可加灯丝电压和栅压。

（5）调整放大倍率，其原则是使读数仪表有较大的偏转，但又不超过量程。具体作法是，先进行粗略全面的观察（这是一般精密测量的原则），即选择适当的 U_{AG}（由实验室给定或见仪器说明书），然后使栅极电压从零开始逐渐增加，若发现管内呈现较强的辉光，电流急剧增加，应立刻减小电压，选取合适的量值，正式测量时电压一定不要超过此时的电压值。

2. 手动调节栅极电压并测定 I_A-U_{GK} 曲线

使栅极电压从零开始逐渐增加，逐点测试对应不同电压的电流，要特别注意电流峰值（和谷值）所对应的电压。在峰值和谷值前后应多测几点。

3. 实验数据处理

根据所取数据点，列表作图，并读取相邻电流峰值对应的电压，计算出汞原子第一激发电位的平均值。

3.10　普朗克常数测量实验

普朗克常量是一个物理常数，用以描述量子大小，在量子力学中占有重要的角色。马克斯·普朗克在 1900 年研究物体热辐射的规律时发现，只有假定电磁波的发射和吸收不是连续的，而是一份一份地进行的，计算的结果才能和试验结果相符合。这样的一份能量叫做能量子，每一份能量子等于 $h\nu$，ν 为辐射电磁波的频率，h 为一常量，叫作普朗克常数。

一、实验目的

（1）通过实验深刻理解爱因斯坦的光电子理论，了解光电效应的基本规律。

（2）掌握用光电管进行光电效应研究的方法。

（3）学习对光电管伏安特性曲线的处理方法，并用以测定普朗克常数。

二、实验仪器

本实验所用仪器有：高压汞灯、滤色片、光电管、微电流放大器（含电源）。

三、实验原理

爱因斯坦从他提出的"光量子"概念出发，认为光并不是以连续分布的形式把能量传播到空间，而是以光量子的形式一份一份地向外辐射。对于频率为 ν 的光波，每个光子的能量为 $h\nu$，其中，$h=6.6261\times10^{-34}$ J·s，称为普朗克常数。

当频率为 ν 的光照射金属时，具有能量 $h\nu$ 的一个光子和金属中的一个电子碰撞，光子把全部能量传递给电子。电子获得的能量一部分用来克服金属表面对它的束缚，剩余的能量就成为逸出金属表面后光电子的动能。显然，根据能量守恒有：

$$E_{k} = h\nu - W_{s} \tag{3-58}$$

这个方程称为爱因斯坦方程。这里 W_s 为逸出功，是金属材料的固有属性。对于给定的金属材料，W_s 是一定值。

爱因斯坦方程表明：光电子的初动能与入射光频率之间呈线性关系。入射光的强度增加时，光子数目也增加。这说明光强只影响光电子所形成的光电流的大小。当光子能量 $h\nu < W_s$ 时，不能产生光电子，即存在一个产生光电流的截止频率 $\nu_0（\nu_0 = W_s/h）$。

本实验采用的实验原理图见图 3.50。一束频率为 ν 的单色光照射在真空光电管的阴极 K 上，光电子将从阴极逸出。在阴极 K 和阳极 A 之间外加一个反向电压 U_{KA}（A 接负极），它对光电子运动起减速作用。随着反向电压 U_{KA} 的增大，到达阳极的光电子相应减少，光电流减少。当 $U_{KA} = U_s$ 时，光电流降为零。此时光电子的初动能全部用于克服反向电场的作用，即

$$eU_{s} = E_{k} \tag{3-59}$$

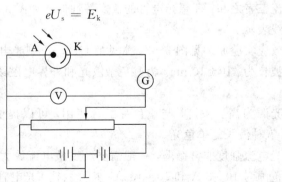

图 3.50　光电效应原理图

这时的反向电压 U_s 叫截止电压。入射光频率不同时，截止电压也不同。将式(3-59)代入式(3-58)得

$$U_s = \frac{h}{e}(\nu - \nu_0) \tag{3-60}$$

式中 h、e 都是常量，对于同一光电管，ν_0 也是常量，实验中测量不同频率下的 U_s，做出 $U_s - \nu$ 曲线。在式(3-60)得到满足的条件下，这是一条直线。若电子电量 e 为已知，由斜率 $k = h/e$ 可以求出普朗克常数 h，由直线在 U_s 轴上的截距可以求出逸出功 W_s，由直线在 ν 轴上的截距可以求出截止频率 ν_0，见图 3.51。

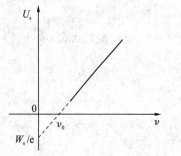
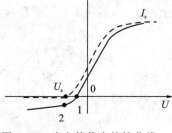

图 3.51　$U_s - \nu$ 曲线　　　　图 3.52　光电管伏安特性曲线

在实验中测得的伏安特性曲线(如图 3.52 所示)与理想的有所不同，这是因为：

(1) 光电管的阴极采用逸出电位低的碱金属材料制成，这种材料即使在高真空中也有易氧化的趋向，使阴极表面各处的逸出电势不尽相等，同时逸出具有最大动能的光电子数目大为减少。随着反向电压的增高，光电流不是陡然截止，而是较快降低后平缓地趋近零点。

(2) 阳极是用逸出电势较高的铂、钨等材料做成的。本来只有远紫外线照射才能逸出光电子，但在使用过程中常会沉积上阴极材料，当阳极受到部分漫反射光照射时也会发生光电子。因为施加在光电管上的外电场对于这些光电子来说正好是个加速电场，使得发射的光电子由阳极飞向阴极，构成反向电流。

(3) 暗盒中的光电管即使没有光照射，在外加电压下也会有微弱电流流通，称做暗电流。其主要原因是极间绝缘电阻漏电(包括管座以及玻璃壳内外表面的漏电)，阴极在常温下的热电子辐射等。暗电流与外加电压基本上成线性关系。

由于以上原因，实测曲线上每一点的电流是阴极光电子发射电流、阳极反向光电子电流及暗电流三者之和。理想光电管的伏安特性曲线如图 3.52 的虚线所示，实际测量曲线如图中的实线表示。

光电效应实验原理见图 3.53。常见的 GDh-1 型光电管阴极为 Ag-O-K 化合物，最高灵敏度波长为 410±10 nm。为避免杂散光和外界电磁场的影响，光电管装在留有窗口的暗盒内。

实验光源为高压汞灯，与滤色片配合使用，可以提供 356.6、404.7、435.8、546.1、577.0 nm 五种波长的单色光。

由于光电流强度非常微弱，一般需要经过微电流放大器放大后才能读出。微电流放大器的测量范围为 10～8 A 和 10～13 A，共分六挡。光电管的极间电压由直流电源提供，电源可以从负到正在一定范围内调节。

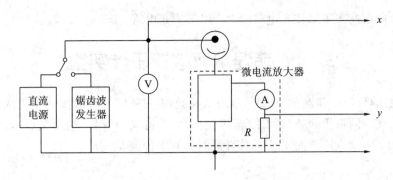

图 3.53　光电效应实验原理图

实验时可以由电压表和电流表逐点读数，并根据测量数据绘图。也可以由锯齿波发生器产生随时间连续增大的电压加在光电管上，这时光电流也是连续变化的。将电流、电压量分别接在 X-Y 记录仪的 Y 端和 X 输入端（或计算机 A/D 转换器的输入端），就能自动画出光电管的伏安特性曲线。

由于暗电流和阳极电流的存在，准确地测量截止电压是困难的。一般采用下述两种方法进行近似处理：

若在截止电压点附近阴极电流上升很快，则实测曲线与横轴的交点（图 3.52 中的"1"点）非常接近于 U_s 点。以此点代替 U_s 点，就是"交点法"。

若测量的反向电流饱和很快，则反向电流由斜率很小的斜线开始偏离线性的"抬头点"（图 3.52 中的"2"点），电压值与 U_s 点电压非常接近，可以用"抬头点"电压值代替 U_s 点电压。

四、实验内容

（1）按要求布置好仪器，打开微电流放大器的电源预热 20 分钟。

（2）罩好暗盒窗上的遮光罩，测量暗电流随电压的变化。

（3）选择好某一波长的入射光，由 −3 V 开始增加电压进行粗测。注意观察电流变化较大时对应的电压区间，细测时在此区间内应多取一些测量点，以减小描绘曲线时的误差。

（4）在以上基础上精确测量 I 随 U 变化的数据。

（5）更换滤色片，选择其它波长，重复第 2 项和第 3 项实验内容。

（6）绘各波长 I-U 曲线，用"抬头点"确定 U_s 点。

（7）绘 U_s-ν 曲线，验证爱因斯坦公式。用作图法或最小二乘法求斜率并外推直线求截距，计算普朗克常数 h、逸出功 W_s 和截止频率 ν_0。

（8）用移动光源位置或改变窗口大小的方法改变入射光的强度，观测 W_s、ν_0 和饱和电流 I_s 的变化。

五、注意事项

（1）汞灯打开后，直至实验全部完成后再关闭。一旦中途关闭电源，至少等 5 分钟后再启动。注意勿使电源输出端与地短路，以免烧毁电源。

（2）实验过程中不要改变光源与光电管之间的距离，以免改变入射光的强度。

（3）注意保持滤色片的清洁，但不要随意擦拭滤色片。

（4）实验后用遮光罩罩住光电管暗盒，以保护光电管。

3.11　菲涅尔双棱镜干涉实验

1826 年法国科学家菲涅尔(Fresnel)用双棱镜将一束相干光的波前分成两部分，形成分波面干涉，利用测量干涉条纹间距（毫米量级），求得光的波长（纳米量级）。此光干涉实验的物理思想、实验方法与测量技巧具有很深的教学价值。

一、实验目的

（1）熟练掌握光路的等高共轴技术。
（2）观察和描述双棱镜干涉现象及特点，体会如何保证实验条件。
（3）用双棱镜测光波波长。

二、实验仪器

本实验所用仪器有：钠光灯（可加圆孔光阑）、凸透镜、二维调整架、单面可调狭缝、菲涅尔双棱镜、测微目镜（去掉其物镜头的读数显微镜）、读数显微镜架、滑座。

三、实验原理

频率相同的光波沿着几乎相同的方向传播，并且它们的相位差不随时间而变化，这两列波在空中相交的区域，光强不均，某些地方加强，另一些地方减弱，这种现象称为光的干涉。

要获得稳定的干涉条纹，必须有满足相干条件的两个相干光源。利用菲涅尔双棱镜产生相干光束是获得相干光源的一种方法。

如图 3.54 所示，双棱镜是由两块底边相接、折射棱角 $\alpha < 1°$ 的直角棱镜组成的。从单缝 S 发出的单色光的波阵面，经双棱镜折射后形成两束相互重叠的光束，这两束光相当于从狭缝 S 的两个虚像 S_1、S_2 发出的两束相干光。满足相干条件，则在两束光相遇的空间形成稳定的干涉场。在光路中垂直放一光屏，在屏上即可形成明暗相间的干涉条纹。

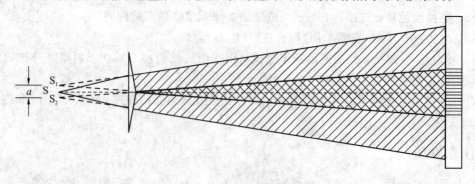

图 3.54　菲涅尔双棱镜干涉图

如图 3.55 所示，设 S_1 和 S_2 的间距为 a，缝 S 至观察屏的距离为 D，O 为观察屏上与 S_1 和 S_2 等距的点，由 S_1 和 S_2 射来的两束光在 O 点的光程差为 0，故在 O 点处两光波互相加强形成零级亮条纹，而在 O 点两侧，则排列着明暗相间的等距干涉条纹。

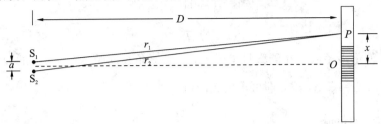

图 3.55　光程示意图

由图 3.55 可知，由 S_1、S_2 发出的光线到达 P 点的光程差为

$$\Delta L = r_2 - r_1$$

$$\begin{cases} r_1^2 = D^2 - \left(x - \dfrac{a}{2}\right)^2 \\ r_2^2 = D^2 + \left(x - \dfrac{a}{2}\right)^2 \end{cases} \tag{3-61}$$

又因为 a、$x \ll D$，则

$$\Delta L = r_2 - r_1 = \frac{2ax}{r_1 + r_2} = \frac{ax}{D} \tag{3-62}$$

若 λ 为光源发出的单色光波长，干涉最大和最小的光程差分别为

$$\Delta L = \frac{ax}{D} = \begin{cases} k\lambda & \text{明条纹} \\ \left(k + \dfrac{1}{2}\right)\lambda & \text{暗条纹} \end{cases} (k = 0, \pm 1, \pm 2, \cdots) \tag{3-63}$$

两相邻干涉明或暗条纹的间距为

$$\Delta x = \frac{D}{a}\lambda \Rightarrow \lambda = \frac{a}{D}\Delta x \tag{3-64}$$

其中：Δx 为两相邻条纹之间的间距；D 为虚光源到观察屏间的距离；a 为两虚光源之间的距离。

　　双缝间距 a 的测量——二次成像法：保持图中狭缝、双棱镜的位置不动，加入一已知焦距 $f = 150$ mm 的透镜放在双棱镜后，如图 3.56 所示，使单缝与测微目镜间的距离 $D > 4f$，移动透镜成像时，可以在两个不同的位置上，从目镜中看到一大一小两个清晰的缝像。测出两个清晰的像间距 d_1 和 d_2，根据物像公式，虚光源 S_1、S_2 间距 $a = \dfrac{s_1}{s_1'}d_1$（第一次成像），$a = \dfrac{s_2}{s_2'}d_2$（第二次成像，其中 s_2 和 s_2' 为物、像到透镜的距离）而 $s_1 = s_2'$，$s_1' = s_2$，故

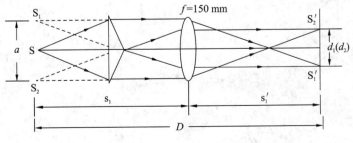

图 3.56　二次成像示意图

$$a^2 = \left(\frac{s_1}{s_1'}\right)\left(\frac{s_2}{s_2'}\right)d_1 d_2$$

即
$$a = \sqrt{d_1 d_2} \qquad\qquad (3-65)$$

实验时，使干涉条纹落在测微目镜分划板上，测条纹间距 Δx 和对应的 D，用凸透镜成像法测 a，代入 $\lambda = \frac{a}{D}\Delta x$ 式，即可求出 λ 的值。

四、实验内容及步骤

（1）调节光学元件等高共轴。调节光源狭缝、双棱镜、测微目镜等高共轴，并使狭缝方向与双棱镜的棱脊沿竖直方向平行。

（2）调节出清晰的干涉条纹。开启光源，调节光源的放置位置，并调节光路，使从光源发出的光经过狭缝对称地照到双棱镜棱脊的两侧。将缝调至适当宽度，微调狭缝的倾角，以从目镜中看到清晰的条纹为准。

（3）测 Δx、D 和 a。调节缝屏之间的间距适中，固定狭缝，双棱镜、测微目镜位置不变。移动测微目镜的读数鼓轮，测出干涉条纹的间距 Δx，测狭缝到目镜距离 D，再用二次成像法测出两个虚光源的间距 a。

五、注意事项

（1）调节光路时，狭缝的方向应严格与双棱镜棱脊平行，通过缝的光应对称地照射到棱脊的两侧。

（2）在测量中，光源、狭缝及双棱镜的位置保持不变。

（3）读取条纹间距及虚光源间距时，测微目镜的一条十字叉丝应与条纹或虚光源的像平行。

第 4 章　教学实验中的设计性实验

　　现代光学设计性实验是技能学习实验中的一项重要内容,这种实验要求在掌握了一定实验技能和方法的基础上,由实验者运用所学知识,自行提出问题,确立选题并设计研究方案,然后,通过实施实验、观察实验结果、对实验结果进行分析处理等环节最终得出正确的研究结论。通过设计性实验可以提高学生发现问题、分析问题和解决问题的能力,培养学生勇于探索、严谨求实、团结协作的精神,对于培养高素质、创新型人才有重要意义。

　　现代光学设计性实验是高等院校物理专业最基本的实训研究实验,它对于培养学生的动手实践能力,启发学生思维,培养良好的科学素质及严谨求实的科学作风、创新精神,提高进行科学实验工作的综合能力,包括实际动手能力、分析判断能力、独立思考能力、革新创造能力、归纳总结能力等起着极其重要的作用。光学设计性实验的教学目的,是在学生具有一定实验能力的基础上,通过独立分析问题、解决问题,使学生把知识转化为能力,为后面进行毕业设计、撰写科研成果报告和学术论文进行初步训练。这对激发学生的创造性和深入研究的探索精神,培养科学实验能力,提高综合素质有重要作用。

　　进行设计性实验,应该应用物理思想研究合理的实验程序和方法,研究如何合理控制各因素在实验中的条件和参量,以得出最好的测量结果。另外,进行设计性实验还要研究在各种条件下设计最佳方案的可能性,研究如何得出最佳方案。做设计性实验是一种创造性劳动,实验者必须充分利用所学的专业知识和实验技能,根据实验任务自己搜集资料,设计实验方案、选配仪器,调节测量完成实验,分析结果,写出报告,整个过程具有一定的探索性。

4.1　迈克尔逊干涉仪实验

　　迈克尔逊干涉仪是 1883 年美国物理学家迈克尔逊和莫雷合作,为研究“以太漂移”实验而设计制造出来的精密光学仪器。这项实验否定了“以太”的存在,并为爱因斯坦发现相对论提供了实验依据。迈克尔逊干涉实验可以高度准确地测定微小长度、光的波长、透明体的折射率等。后人利用该仪器的原理,研制出了多种专用干涉仪,这些干涉仪在近代物理和近代计量技术中被广泛应用。迈克尔逊因为这一项发明荣获了 1907 年的诺贝尔物理奖。

一、实验目的

　　(1) 了解迈克尔逊干涉仪的光学结构及干涉仪原理和各种干涉现象,学习其调节和使用方法。

　　(2) 学习一种测定激光波长的方法,加深对等倾干涉的理解。

　　(3) 掌握用干涉仪测量固体(玻璃)折射率的方法。

（4）练习用逐差法处理实验数据。

二、实验仪器

本实验所用仪器包括：迈克尔逊干涉仪、He－Ne 激光器、钠灯、白炽灯、透明玻璃片。

三、实验原理

实验室使用的 GSZF－4 型迈克尔逊干涉仪是由天津市港东科技发展有限公司设计生产的，其外形如图 4.1 所示。其微调节旋钮为一个螺旋测微器，螺旋测微器与动镜之间通过一个传动比为 20∶1 的传动装置连接。

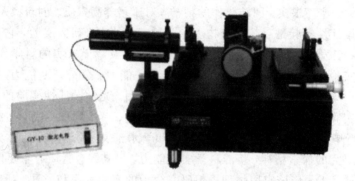

图 4.1　GSZF－4 型迈克尔逊干涉仪

仪器光路原理如图 4.2 所示。其中 G_1 和 G_2 是两块平行放置的平行平面玻璃板，它们的折射率和厚度完全相同。G_1 的背面镀有半反射膜，称做分光板。G_2 称做补偿板。M_1 和 M_2 是两块平面反射镜，它们装在与 G_1 成 45°角的彼此互相垂直的两臂上。与其他型号的干涉仪不同的是，GSZF－4 型迈克尔逊干涉仪的 M_1 是固定的，M_2 是可沿臂肘方向前后平移的。

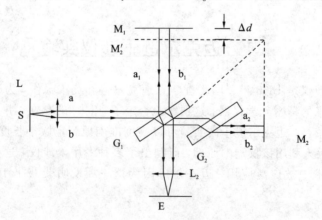

图 4.2　光路原理图

由扩展光源 S 发出的光束，经分光板分成两部分，它们分别近于垂直地入射在平面反射镜 M_1 和 M_2 上。经 M_1 反射的光回到分光板后一部分透过分光板沿 E 的方向传播，而经 M_2 反射的光回到分光板后则是一部分被反射在 E 方向。由于两者是相干的，在 E 处可观察到相干条纹。光束自 M_1 和 M_2 上的反射相当于自距离为 d 的 M_1 和 M_2' 上的反射，其中

M_2'是平面镜 M_2 为分光板所成的虚像。因此，迈克尔逊干涉仪所产生的干涉与厚度为 d、没有多次反射的空气平行平面板所产生的干涉完全一样。经 M_1 反射的光三次穿过分光板，而经 M_2 反射的光只通过分光板一次，补偿板就是为消除这种不对称性而设置的。

双光束在观察平面处的光程差由下式给定：

$$\Delta\delta = 2nd\cos\theta \tag{4-1}$$

式中，d 是 M_1 和 M_2' 之间的距离，θ 是光源 S 在 M_1 上的入射角。

迈克尔逊干涉仪所产生的干涉条纹的特性与光源、照明方式以及 M_1 和 M_2 之间的相对位置有关。当 M_1 和 M_2' 完全平行时，形成等倾干涉条纹；当 M_1 和 M_2' 之间有微小夹角时形成等厚干涉条纹。

四、实验内容及步骤

1. 测量激光的波长

如图 4.3 所示，当 M_2' 与 M_1 完全平行时，两者形成厚度均匀的空气薄膜。这时以倾角为 θ 的入射光经空气薄膜上、下表面反射成为光线 1 和 2，它们是两束相互平行的相干光，在无穷远处形成干涉条纹。这两束光线的光程差为

$$\Delta\delta = 2nd\cos\theta \quad (n \text{ 为空气折射率}) \tag{4-2}$$

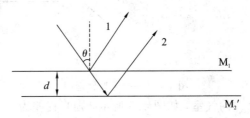

图 4.3　等倾干涉原理图

两光线干涉的明暗纹条件：

$$\Delta\delta = 2d\cos\theta = \begin{cases} k\lambda & , k = 1, 2\cdots \text{暗纹} \\ \dfrac{(2k+1)\lambda}{2} & , k = 0, 1, 2\cdots \text{明纹} \end{cases} \tag{4-3}$$

从式(4-3)可以看出，当薄膜厚度 d 一定时，具有相同倾角 θ 的入射光经过薄膜上、下表面反射后的两束光具有相同的光程差，它们在无限远处或透镜焦平面上形成同一级干涉圆环条纹，不同倾角 θ 对应不同级别的干涉圆条纹，因此成为等倾干涉。等倾干涉条纹是一组明暗相间的同心圆。

由式(4-3)的明纹条件知：用波长为 λ 的单色光照明时，若 M_1 和 M_2' 的间距 d 逐渐增大，则对任一级干涉条纹，例如 k 级，必定是以减少 $\cos\theta$ 的值来满足式(4-3)的，故该级干涉条纹向 θ 变大（$\cos\theta$ 值变小）的方向移动，即向外扩展。这时，观察者将看到条纹好像从中心向外"涌出"。反之，如果 M_1 和 M_2' 的间距 d 逐渐减小，观察者将看到条纹一条一条地向中心"缩进"，且 δ 每减小 $\lambda/2$，就有一个条纹向中心缩进。

当 $\theta = 0$ 时，也就是两列相干光从两镜面的法线方向反射时，它们有最大光程差 $\delta_{\max}$，且 $\delta_{\max} = 2d$，中心条纹级次最高，越向边缘级次越低。由此可知：若此时移动 M_2（即改变 d 的大小），则当 d 每改变 $\lambda/2$ 距离，环心就冒出或缩进一条环纹。若 M_2 移动距离为 Δd，

相应冒出或缩进的干涉条纹数为 N，则有

$$\Delta d = N \times \frac{\lambda}{2}$$

$$\lambda = \frac{2\Delta d}{N} = \frac{2(L_1 - L_2)}{2} \tag{4-4}$$

式中，L_1、L_2 分别为 M_2 移动前后的位置读数。实验中可利用此种方法来测定单色光波波长及其他微小长度。

2. 测量气体折射率

测量气体折射率利用了迈克尔逊干涉仪的等倾干涉原理。在熟悉了迈克尔逊干涉仪调节和使用的前提下，如图 4.4 所示，两束光到达 O 点形成的光程差 δ 为

$$\delta = 2L_2 - 2L_1 = 2(L_2 - L_1) \tag{4-5}$$

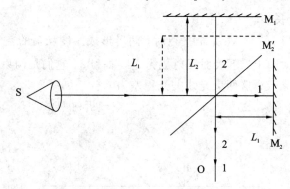

图 4.4　等倾干涉原理图

若在 L_2 臂上加一个长为 L 的气室，如图 4.5 所示，则光程差为

$$\delta = 2(L_2 - L) + 2nL - 2L_1 \tag{4-6}$$

整理得

$$\delta = 2(L_2 - L_1) + 2(n-1)L \tag{4-7}$$

假设加入 L 气室产生的变化是有 N 条明条纹移动，则气室中介质折射率变化 $\Delta n = n-1$ 与条纹移动之间的关系为

$$\Delta n = \frac{N\lambda}{2L} \tag{4-8}$$

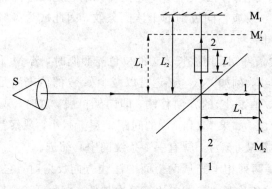

图 4.5　加选压器后的光路图

保持空间距离 L_1、L_2、L 不变,折射率 n 变化时,则 δ 随之变化,即条纹级别也随之变化。(根据光的干涉的明暗条纹形成条件,当光程差 $\delta = k\lambda$ 时为明纹)以明纹为例,有

$$\delta_1 = 2(L_2 - L_1) + 2(n_1 - 1)L = k_1\lambda \tag{4-9}$$

$$\delta_2 = 2(L_2 - L_1) + 2(n_2 - 1)L = k_2\lambda \tag{4-10}$$

上两式联立可得

$$n_2 - n_1 = 1 + \frac{(k_2 - k_1)\lambda}{2L} \tag{4-11}$$

如果调好光路后,先将气室抽成真空(气室内压强接近于零,折射率 $n=1$),然后再向气室内缓慢充气,此时在接收屏上看到条纹移动。当气室内压强由 0 变到大气压强 p 时,折射率由 1 变到 n。

若屏上某一点条纹变化数为 N,则由式(4-11)可知

$$n = 1 + \frac{N\lambda}{2L} \tag{4-12}$$

理论证明,在温度和湿度一定的条件下,当气压不太大时,气体折射率的变化量与气压的变化量成正比:

$$\frac{n-1}{p} = \frac{\Delta n}{\Delta p} = 常量$$

所以

$$n = 1 + \left|\frac{\Delta n}{\Delta p}\right|p \tag{4-13}$$

将式(4-8)代入上式,得

$$n = 1 + \frac{N\lambda}{2L}\frac{p}{|\Delta p|} \tag{4-14}$$

(1) 安装固件。熟读光学实验常用仪器部分迈克尔逊干涉仪的调节使用说明,并按此调节好;将气管①一端与空气室相连,另一端与气囊进气孔相连;将气管②一端与空气室相连,另一端与选压器相连。

(2) 将空气室放在导轨上,观察干涉条纹(观察到条纹后即可进行下面的测量)。

(3) 关闭气囊阀门,向气室充气;使气压值大于 0.090 MPa,读出选压仪表数值,记为 p_2;打开气囊阀门,慢慢放气,使条纹慢慢变化,当改变 m 条时(实验要求 $m \geqslant 20$),读出选压器数值,记为 p_1。

(4) 重复第(3)步,共取 10 组数据。

(5) 用游标卡尺测量空气室的长度,重复测量 10 次,得出 10 个数据(自制数据表格)。

五、注意事项

(1) 激光属强光,注意不要让激光直接照射眼睛;

(2) 充气阀门不要用力旋转,以免损坏;

(3) 不得用手直接接触光学元件;

(4) 向选压器里充气时,注意不可超过其量程。

4.2　分光计的应用实验

分光计是一种能精确测量角度的基本光学仪器，它利用光的反射、折射、衍射、干涉和偏振原理常在光学实验中作光线的方向测量和角度测量以及光谱分析。有些物理量如折射率、光波波长、光栅常数、色散率等往往可以通过直接测量有关的角度（如最小偏向角、衍射角、布儒斯特角等）来确定。同时，分光计的基本部件和调节原理与其他更复杂的光学仪器（如单色仪、摄谱仪等）有许多相似之处，因此熟悉分光计的基本构造、调节原理、使用方法和技巧，对调整和使用其他精密光学仪器具有普遍的指导意义。

一、实验目的

(1) 掌握分光计的测量原理和使用方法。

(2) 掌握用分光计研究光栅特性并测定光波波长。

(3) 利用分光计观察超声光栅衍射现象，测定超声波在液体（非电解质溶液）中的传播速度。

(4) 学习用分光计根据光的反射和折射原理正确测定三棱镜的顶角和最小偏向角。

(5) 学习用分光计测量有关光学材料的折射率。

二、实验仪器

本实验所用仪器有：分光计、平面镜、汞灯、透射光栅、超声光栅实验仪（数字显示，高频功率信号源及内装压电陶瓷片的液槽）、测微目镜、三棱镜。

三、实验原理及内容

实验内容 1　光栅特性研究和光波波长的测定

1. 实验原理

光绕过障碍物进入几何阴影区的现象称为光的衍射。光栅是一种折射率周期性变化的光学元件。衍射光栅是利用单缝衍射和多缝干涉原理使光发生色散的元件。它是在一块透明板上刻有大量等宽度等间距的平行刻痕，每条刻痕不透光，光只能从刻痕间的狭缝通过。因此，可把衍射光栅（简称为光栅）看成由大量相互平行等宽等间距的狭缝所组成。由于光栅具有较大的色散率和较高的分辨本领，故它已被广泛地应用于各种光谱仪器中。光栅一般分为两类：一类是利用透射光衍射的光栅，称为透射光栅；另一类是利用两刻痕间的反射光进行衍射的光栅，称为反射光栅。本实验选用的是透射光栅。

1) 光栅衍射

当一束平行单色光入射到光栅上，透过光栅的每条狭缝的光都产生有衍射，而通过光栅不同狭缝的光还要发生干涉，因此光栅的衍射条纹实质应是单缝衍射和多缝干涉的总效果。

此时若在光栅后面放置一会聚透镜，则在透镜的焦平面上可以看到一组明暗相间的衍射条纹。

设光栅的刻痕宽度为 a，透明狭缝宽度为 b，相邻两缝间的距离 $d = a + b$，称为光栅常数，它是光栅的重要参数之一。

如图 4.6 所示，光栅常数为 d 的光栅，波长为 λ 的单色平行光束以与光栅法线成角度 i 入射于光栅平面上，衍射光线 AD 与光栅法线所成的夹角（即衍射角）为 φ，从 B 点作 BC 垂直于入射线 CA，作 BD 垂直于衍射线 AD，则相邻透光狭缝对应位置两光线的光程差为

$$\delta = AC + AD = d(\sin\varphi \pm \sin i) \qquad (4-15)$$

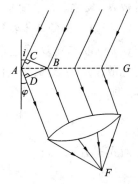

入射光与衍射光在光栅法线同侧时，上式中 $\sin i$ 前取正号；否则取负号。

当此光程差等于入射光波长 λ 的整数倍时，多光束干涉使光振动加强而在 F 处产生相干相长，出现明条纹。因而，光栅衍射明条纹的条件为

$$d(\sin\varphi_k \pm \sin i) = k\lambda \qquad k = 0, \pm1, \pm2, \cdots \qquad (4-16)$$

图 4.6　光栅衍射原理示意图

式中，k 是明条纹级次，φ_k 为 k 级谱线的衍射角。$k=0, \pm1, \pm2, \cdots$ 所对应的条纹分别称为中央（零级）极大，正、负第一级极大，正、负第二级极大等。当衍射角 φ 不满足光栅方程时，衍射光或者相互抵消，或者强度很弱，几乎成为一片暗背景。式（4-16）称为光栅方程，它是研究光栅衍射的重要公式。

当入射光线垂直入射光栅时，入射角 $i = 0$。此时光栅方程变为

$$d\sin\varphi_k = k\lambda \qquad k = 0, \pm1, \pm2, \cdots \qquad (4-17)$$

由式（4-17）可以看出，如果入射光为复色光，当 $k=0$ 时，有 $\varphi_0=0$，此时不同波长的零级亮纹重叠在一起，因此零级条纹仍为复色光。当 k 为其它值时，不同波长的同一级亮纹因有不同的衍射角而相互分开，即有不同的位置。因此，在透镜焦平面上将出现按短波向长波变化的次序自中央零级向两侧依次分开排列的彩色谱线。这种由光栅分光产生的光谱称为光栅光谱。

图 4.7 是汞灯（它发出的是波长不连续的可见光，其光谱是线状光谱）光波入射光栅时所得的光谱示意图。中央亮线是零级主极大。在它的左右两侧各分布着 $k=\pm1$ 的可见光四色六波长的衍射谱线，称为第一级的光栅光谱。向外侧还有第二级、第三级谱线。由此可见，光栅具有将入射光分成按波长排列的光谱的功能。

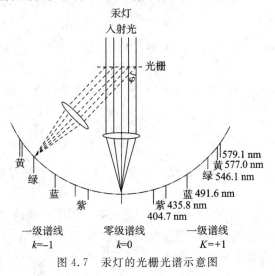

图 4.7　汞灯的光栅光谱示意图

根据光栅方程，若已知入射光的波长 λ，测出该波长对应谱线的衍射角 φ，即可求出光栅常数 d。反之，若已知光栅常数 d，测出各特征谱线所对应的衍射角 φ，可求出波长 λ。

2）衍射光栅的基本特征

（1）色散本领 D（角色散率）。从光栅方程可知，衍射角 φ 是波长 λ 的函数，这就是光栅具有色散作用的原因。衍射光栅的角色散率 D 定义为单位波长间隔内两单色谱线之间的角间距，即

$$D = \frac{\Delta\varphi}{\Delta\lambda} \qquad (4-18)$$

对光栅方程 $d\sin\varphi_k = k\lambda$ 两边进行微分，得到

$$D = \frac{k}{d\cos\varphi_k} \qquad (4-19)$$

由上式知，光栅光谱具有以下特点：光栅常数 d 愈小（即每毫米所含光栅刻线数目愈多），角色散率愈大；高级数的光谱比低级数的光谱有较大的角色散。

（2）分辨本领 R（分辨率）。光栅能分辨出相邻两条谱线的能力是受限制的，对于波长相差 $\Delta\lambda$ 的两条相邻谱线，根据瑞利条件，当其中一条谱线的极大（最亮处）正好位于另一谱线的极小（最暗处）时，两条谱线恰能被分辨。由此条件可得光栅的分辨本领的定义，即

$$R = \frac{\lambda}{\Delta\lambda} = kN = k\frac{L}{d} \qquad (4-20)$$

其中，$\Delta\lambda$ 为两条恰能被分辨的谱线的波长差，λ 为谱线的平均波长，k 为衍射级次，N 为光栅参与衍射的狭缝数目，即光栅有效面积内的总刻痕（狭缝）数，L 为入射光束照亮的光栅宽度，d 为光栅常数。

2. 测量内容

首先，调整分光计使其处于正常工作状态。然后进行下面的调整与测量。

（1）调整光栅，使平行光管产生的平行光垂直照射于光栅平面，且光栅的刻线与分光计旋转主轴平行。

（2）测量汞灯 $k = \pm1$ 级时各条谱线的衍射角。

调节狭缝宽度适中，使衍射光谱中两条紧靠的黄谱线能分开。先将望远镜转至右侧，测量 $k = +1$ 级各谱线的位置，从左右两侧游标读数，分别记为 θ_A^{+1} 和 θ_B^{+1}。然后将望远镜转至左侧，测出 $k = -1$ 级各谱线的位置，读数分别计为 θ_A^{-1} 和 θ_B^{-1}。同一游标的读数相减：

$$\theta_A^{-1} - \theta_A^{+1} = 2\varphi_A ; \; \theta_B^{-1} - \theta_B^{+1} = 2\varphi_B \qquad (4-21)$$

由于分光计偏心差的存在，衍射角 φ_A 和 φ_B 有差异，求其平均值可消除偏心差。所以，各谱线的衍射角为

$$\varphi = \frac{\varphi_A + \varphi_B}{2} = \frac{|\theta_A^{-1} - \theta_A^{+1}| + |\theta_B^{-1} - \theta_B^{+1}|}{4} \qquad (4-22)$$

测量时，从最右端的黄 2 光开始，依次测黄 1 光，绿光……直到最左端的黄 2 光，对绿光重复测量三次。

（3）观察分辨本领 R 与光栅狭缝数目 N 的关系。挡住光栅的一部分，减少狭缝数目 N，观察钠光灯的钠双线随 N 的减少而发生的变化。

（4）将光栅光谱和棱镜光谱作一比较。

3. 数据处理

分光计的仪器不确定度为 $1' = 2.91 \times 10^{-4}$ 弧度。

（1）计算光栅常数 d：汞灯绿色谱线波长为 546.1 nm，将所测绿色谱线的衍射角和波长代入式（4 - 16），并取谱线级次 $k = \pm 1$，求出光栅常数 d；根据光栅方程式（4 - 16），推导光栅常数的不确定度的表达式，计算 Δd、$\Delta d / d$ 的大小，写出光栅常数测量结果的表达式。

（2）计算汞灯各衍射谱线的波长：将所求的光栅常数及各条光谱线的衍射角再代入式（4 - 16），求出汞灯每条谱线对应的波长及不确定度，并写出波长结果的表达式。要求测量结果的精确度 $\Delta \lambda \leqslant 0.1\%$。

（3）从理论上算出在给定的光栅和波长（汞灯）的条件下，能观察到的光栅最高衍射级数，并用实验加以检验。

实验内容 2　利用超声光栅测量液体中的声速

1. 实验原理

超声波是一种纵波，它的频率比人耳通常能够听到的声音的频率高。当超声波在透明介质中传播时，会引起介质密度的周期性变化，从而导致介质折射率的周期性变化。此时，若光波通过这样的介质，会发生像光通过光栅那样的衍射现象。因此，我们把有超声行波或超声驻波存在的这种介质叫做超声光栅，把光波在介质中传播时被超声波衍射的现象叫做超声致光衍射，亦即声光效应。近年来，由于激光技术的飞速发展，声光效应得到了广泛应用，并已经发展成一门崭新的技术——声光技术。

1）超声光栅

超声光栅装置如图 4.8 示。在一液槽 T 内盛满待测液体（如蒸馏水），槽底部装有能激发超声波的压电陶瓷元件 PZT，它在高频信号发生器的激励下，产生向上传播的平面超声纵波，当该超声波遇到液槽上部的反射板时被反射，此时，向上传播的入射波与向下传播的反射波将在液体中形成超声驻波。

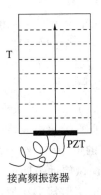

图 4.8　超声液槽

超声驻波在液体中传播时，其声压使液体分子的分布产生变化，如图 4.8 示，某时刻，纵驻波的任一波节两边的质点都涌向这个节点，使该节点附近的区域成为质点密集区，而与之相邻的两波节处由于质点远离并涌向密集区而成为质点稀疏区。半个周期后，这个节点附近的质点向两边散开变为稀疏区，相邻的波节处变为密集区。这样就在液体中形成周期性的互相交替的一组密集区和稀疏区。

如图 4.9 所示，在这样的液体中，稀疏区液体折射率减小，而密集区液体折射率增大。所以，沿驻波方向，液体折射率是以超声波波长 Λ 为周期进行分布的。任意距离等于波长 Λ 的两点处，液体的密度相同，折射率也相同。由于驻波振幅是单一行波振幅的两倍，因此加剧了液体的疏密变化程度，所以实验效果更加明显。

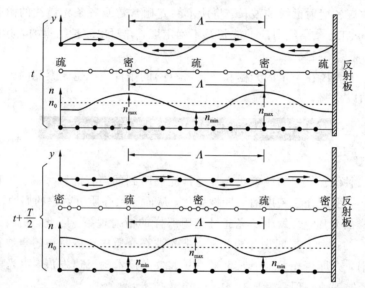

图4.9　t 和 $t+T/2$ 两时刻振幅 y、液体疏密分布和折射率 n 的变化

超声光栅衍射是使入射光的相位发生改变而引起的。研究表明，当超声光栅的厚度 l 较厚、超声波的频率很高（100 MHz 以上），以至于满足：$2\pi\lambda l/\Lambda^2 \gg 1$ 时，会产生布拉格（Bragg）衍射，超声液槽相当于体光栅。当超声光栅厚度 l 较小，超声频率不太高（10 MHz 以下），满足 $2\pi\lambda l/\Lambda^2 \ll 1$ 时，产生拉曼–奈斯衍射。

2）声光拉曼–奈斯衍射

当超声光栅厚度 l 较小，超声频率不太高时，由于光速大约是声速的 10^5 倍，所以，在光波通过液槽的时间内，介质折射率在空间的周期分布可以看做是固定的，即不必考虑在光通过液槽的这段极短时间内液体折射率周期性空间分布的变化。在光通过密集层和稀疏层时，只是光速发生变化，从而相位发生变化，而光的振幅并不发生变化。这就使得光波"平面的波阵面"穿过超声光栅后变成了"褶皱的波振面"。所以说，超声光栅是相位光栅。

当波长为 λ 的单色平行光沿着垂直于超声波传播方向通过上述液体时，因折射率的周期变化使光波的波阵面产生了相应的位相差，经透镜聚焦出现衍射条纹。衍射光路图如图 4.10 所示，在玻璃槽的另一侧，用测微望远镜即可观察到衍射光谱。这种衍射现象的规律与平行光通过平面透射光栅所产生的衍射情形相似。

由光栅方程知：

$$\lambda\sin\varphi_k = k\lambda \qquad k = 0, \pm1, \pm2, \cdots \qquad (4-23)$$

式中 λ 为液槽液体中的超声波波长，相当于光栅常数，k 为衍射光谱的级次，φ_k 为第 k 级衍射光谱的衍射角。

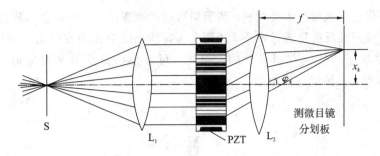

图 4.10 超声光栅衍射光路图

从图 4.10 可以看出，当 φ_k 很小时，有：

$$\sin\varphi_k \approx \tan\varphi_k = \frac{x_k}{f} \tag{4-24}$$

其中，x_k 为同一种颜色波衍射光谱的零级至 k 级的距离，f 为望远镜物镜 L_2 的焦距。所以液体中超声波的波长为

$$\Lambda = \frac{k\lambda}{\sin\varphi_k} = \frac{k\lambda f}{x_k} \tag{4-25}$$

超声波在液体中的传播速度为

$$V = \Lambda\nu = \frac{\lambda f\nu}{\Delta x_k} \tag{4-26}$$

式中，ν 为高频信号发生器发出的频率，即压电元件的共振频率；Δx_k 为同一色光衍射条纹的间距。

2. 测量内容

(1) 调节测微目镜使其分划板及准直管的狭缝像竖直清晰，并消除误差。

(2) 参照图 4.10 所示光路，将液槽稳妥地放在分光计的载物台上，放置时，转动载物台使超声液槽两侧表面基本垂直于望远镜和平行光管的光轴。

(3) 开启超声信号源电源，在压电陶瓷片上加高频功率信号电压，仔细调节频率旋钮至共振频率。左右转动超声液槽方位，使射于液槽的平行光束完全垂直于超声束。同时，观察视场内的衍射光谱左右级次亮度和对称性，直到目镜视场出现稳定而清晰的左右至少各三级对称的衍射光谱为止。

(4) 对蒸馏水和乙醇两种液体的声光衍射，用测微目镜分别逐级测量蓝紫、绿、黄三种谱线各级的位置读数(如：-2、-1、0、$+1$、$+2$)，并及时记录频率 ν 和液体温度(可用室温)。

3. 数据处理

(1) 对测量数据应用逐差法处理，求出条纹间距的平均值。

(2) 超声波声速计算：根据式(4-26)计算超声波在液体中的传播速度。

(3) 计算酒精中的声速并与公认值(1168 m/s)比较，求相对百分比。

(4) 按同样要求测出水中的声速并比较公认值(1483 m/s)。

实验内容 3 角度的测量

1. 反射法测三棱镜顶角

图 4.11 为反射法测量三棱镜顶角的示意图。将三棱镜放在载物台上，转动载物台，使三棱镜顶角对准平行光管。让平行光管射出的光束投射到棱镜的两个折射面上，从棱镜左

面反射的光可将望远镜转至 I 处观察，调节望远镜微调螺丝，使望远镜的竖直叉丝"十"准线的中心垂直线对准反射狭缝像中心，从两个游标读出反射光的方位角 φ_1 和 φ_2。再将望远镜转至 II 处观测从棱镜右面反射的狭缝像，可分别读得反射光方位角 φ_1' 和 φ_2'。由图 4.11 可以证明，三棱镜的顶角为

$$\alpha = \frac{\varphi}{2} = \frac{1}{4}(|\varphi_1' - \varphi_1| + |\varphi_2' - \varphi_2|)$$

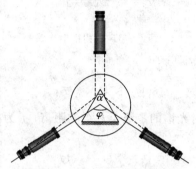

图 4.11　反射法测三棱镜顶角

2. 极值法测最小偏向角

1）最小偏向角的概念

如图 4.12 所示，光线以入射角 i_1 投射到棱镜的 AB 面上，经棱镜的两次折射后，以角 i_2 从 AC 面出射，出射光线和入射光线的夹角 δ 称为偏向角。δ 的大小随入射角 i_1 而改变。可以证明，当 $i_1 = i_2$ 时，偏向角 δ 为极小值，称为棱镜的最小偏向角 $\delta_{\min}$。

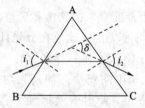

图 4.12　光线在三棱镜中的折射

2）最小偏向角测量方法

图 4.13 所示为观察光线偏向情况，判断折射光线的出射方向的示意图。把待测三棱镜置于已调好的分光计载物台中央，使底边 BC 与入射方向近似平行。先用眼睛沿光线可能的出射方向观察，微微转动刻度圆盘，带动载物台，当观察到出射的彩色谱线时，认定一种单色谱线，再继续使刻度圆盘转动。注意此单色谱线出射时所对应的偏向角的变化情况，选择能使偏向角减小的方向缓慢转动载物圆台，即在 AB 面的入射角增大的方向，当看到该谱线移至某一位置后突然反向移动，说明在这个逆转处即为出射光处于最小偏向角的位置。则此时出射光线与原光路（没有放三棱镜时，望远镜直接对准入射光线的位置）之间的夹角即为最小偏向角。此时固定载物台和游标盘，然后将望远镜的叉丝竖线对准绿色谱线的中间，记下两游标的读数 φ_1 和 φ_2。保持载物台不动，取下三棱镜，转动望远镜直接对准平行光管，使叉丝竖线对准狭缝中心，记下此时两游标的读数 φ_1' 和 φ_2'，则

$$\delta_{\min} = \frac{1}{2}[|\varphi_1' - \varphi_1| + |\varphi_2' - \varphi_2|]$$

即为所测谱线所对应的最小偏向角。

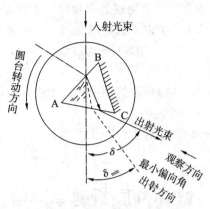

图 4.13　极值法测量小偏向角

实验内容 4　测量玻璃棱镜的折射率

假设有一束单色平行光 LD 入射到棱镜上，经过两次折射后沿 ER 方向射出，则入射光线 LD 与出射光线 ER 间的夹角 δ 称为偏向角，如图 4.14 所示。

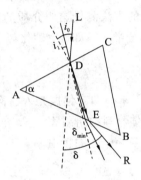

图 4.14　折射率的测定

转动三棱镜，改变入射光对光学面 AC 的入射角，出射光线的方向 ER 也随之改变，即偏向角 δ 发生变化。沿偏向角减小的方向继续缓慢转动三棱镜，使偏向角逐渐减小；当转到某个位置时，若再继续沿此方向转动，偏向角又将逐渐增大，此位置时偏向角达到最小值，测出最小偏向角 δ_{min}。可以证明棱镜材料的折射率 n 与顶角 α 及最小偏向角的关系式为

$$n = \frac{\sin \frac{1}{2}(\delta_{min} + \alpha)}{\sin \frac{\alpha}{2}} \tag{4-27}$$

实验中，利用分光镜测出三棱镜的顶角 α 及最小偏向角 δ_{min}，即可由上式算出棱镜材料的折射率 n。

四、问题讨论

（1）调节分光计时，望远镜调焦至无穷远是什么含义？为什么当在望远镜视场中能看见清晰且无视差的绿十字像时，望远镜已调焦至无穷远？

（2）比较光栅光谱和棱镜光谱的各自特点。

（3）同一块光栅对不同波长的光，其最高衍射级数是否相同？不同波长的谱线宽度是否一致？同一波长不同衍射级数的光谱宽度是否相同？为什么？

（4）试根据实验时同一级正负衍射光谱的对称性，判断光栅放置的位置，并利用这种现象将光栅调至正确的工作位；当同一级正负衍射角不等时，试估算入射光束不垂直的程度（入射角的大小）。

（5）如何解释超声光栅衍射实验中衍射的中央极大和各级谱线的距离随功率信号源振荡频率的高低变化而增大或减小的现象？

（6）驻波的相邻波腹（或波节）键的距离等于半波长，为什么超声光栅的光栅常数在数值上等于超声波的波长？

4.3　固体介质折射率测量实验

折射率是反映介质光学性质的重要参数之一。在普通物理实验中，用布儒斯特法测固体折射率实验均是直接应用布儒斯特原理在分光计上进行。但这种方法的布儒斯特角测量误差很大，所得折射率的误差在 5％以上。利用布儒斯特定律和费涅尔公式，提出一种测量方法，可使折射率的测量误差小于 0.08％。本仪器采用的实验方法，在光学测量中具有典型性的特点。用测布儒斯特角的方法测量透明介质的折射率，以及利用测量激光照射半导体薄片的反射系数方法测量部分半导体如硅、砷化镓等介质的折射率。

一、实验目的

（1）学习偏振光的基本知识，掌握调节偏振光入射面的方法。
（2）用布儒斯特定律测量固体材料的折射率。
（3）测量偏振光分量并计算半导体硅的折射率。

二、实验仪器

本实验所用仪器有：半导体激光器，转盘，偏振片，玻璃片，矩形样品砖，光功率计，光具座，遮光罩，手电筒等。

三、实验原理

图 4.15 是实验中使用的实验装置图，图 4.16 为光由空气入射到半导体表面的偏振光路图。当光照射到半导体表面时，它将部分被反射，部分透射，部分被吸收。反射光功率

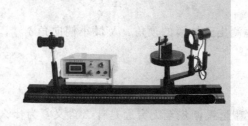

图 4.15　实验装置图

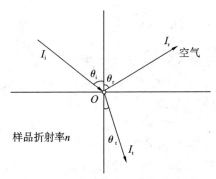

图 4.16　半导体表面偏振光路图

的相对值称为反射系数 R，定义为反射光功率 I_r 与入射光功率 I_i 之比：

$$R = \frac{I_r}{I_i} \tag{4-28}$$

入射光可分解为两个偏振分量，一个分量的偏振方向与入射面平行，记为 P 分量；另一个分量的偏振方向与入射面垂直，记为 S 分量，实验室常用的红色激光在半导体硅的表面的吸收可以忽略不计。在此条件下，对于自空气入射到材料表面的反射系数 R_P 和 R_S，由费涅尔公式给出：

$$\pm \sqrt{R_P} = \frac{n\cos\theta_i - \cos\theta_t}{n\cos\theta_i + \cos\theta_t} \tag{4-29}$$

$$\sqrt{R_S} = \frac{n\cos\theta_t - \cos\theta_i}{n\cos\theta_t + \cos\theta_i} \tag{4-30}$$

由式(4-29)得：

$$\frac{1 \pm \sqrt{R_P}}{1 \mp \sqrt{R_P}} = \frac{n\cos\theta_i}{\cos\theta_t} \tag{4-31}$$

由式(4-30)得：

$$\frac{1 + \sqrt{R_S}}{1 - \sqrt{R_S}} = \frac{n\cos\theta_t}{\cos\theta_i} \tag{4-32}$$

式(4-31)×式(4-32)得：

$$\frac{1 \pm \sqrt{R_P}}{1 \mp \sqrt{R_P}} \times \frac{1 + \sqrt{R_S}}{1 - \sqrt{R_S}} = n^2 \tag{4-33}$$

当 $n\cos\theta_i > \cos\theta_t$ 时，$\pm \sqrt{R_P}$ 取正，利用折射定律

$$\sin\theta_i = n\sin\theta_t \tag{4-34}$$

得：

$$n\cos\theta_i > \sqrt{1 - \frac{\sin^2\theta_i}{n^2}} \tag{4-35}$$

故当 $\sin\theta_i < \dfrac{n}{\sqrt{n^2+1}}$ 时，$\pm \sqrt{R_P}$ 取正。

同理可得：

当 $\sin\theta_i > \dfrac{n}{\sqrt{n^2+1}}$ 时，$\pm \sqrt{R_P}$ 取负；

当 $\sin\theta_i = \dfrac{n}{\sqrt{n^2+1}}$ 时，$\pm\sqrt{R_P}=0$。

式中，n 是材料的折射率，θ_i 为入射角，θ_t 为折射角。在 $\theta_i=0$ 的情况下，直接测量 R_P 和 R_S 实际上不可行。然而费涅尔公式允许由任意斜入射角下得到 R_P 和 R_S 计算出材料的折射率 n。

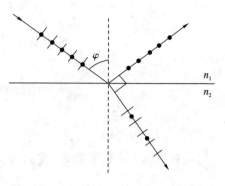

自然光入射到介质表面，若反射光线和折射光线相互垂直（如图 4.17 所示），反射光为完全偏振光，即若把矢量分解为平行分量的 P 振动和垂直分量的 S 振动，其反射光中只有 S 振动分量，P 分量完全不能反射，此时的入射角 φ 满足：

图 4.17　布儒斯特定律光路图

$$\tan\varphi = \frac{n_2}{n_1} \qquad (4-36)$$

这称为布儒斯特定律，φ 为布儒斯特角。

四、实验内容及步骤

1. 确定入射光的偏振面

（1）按图 4.18 所示实验光路图调节光路等高同轴。半导体激光器发出的光（波长为 650 nm）为部分线偏振光，为了方便测量获得最好的测量结果，偏振片的偏振轴应与激光最强的线偏振分量一致。

（2）为测量 R_P 和 R_S，需要知道偏振片的偏振方向，以便产生平行于入射面或垂直于入射面的偏振光。偏振片的偏振方向可从已知的折射率为 1.57 的玻璃样品的反射激光功率推知，将系统尽可能对准。

（3）测定半导体激光器产生的激光束和偏振片两者的相对取向（即半导体激光器转盘和偏振片转盘位置角度读数差）以使得偏振片与激光最强偏振方向一致。（在以下测量中，将偏振片和激光器当作一个系统，需要旋转时一起旋转。）

（4）将玻璃样品在布儒斯特入射角下固定在转台上，测量偏振片不同角度下的反射激光功率，并作图，由此确定偏振片的片偏振方向。（注意：竖直转轴应在玻璃表面上。）

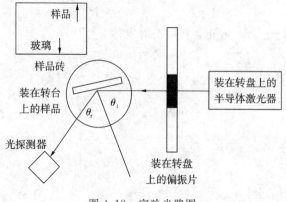

图 4.18　实验光路图

2. 测量半导体薄片的反射系数 R_p 和 R_S 与入射角之间的关系

将样片固定在转台上,使半导体硅薄片的反射表面可绕着入射光的路径上的竖直轴转动,竖直转轴应在样品表面上。将光学系统尽可能地校准。

(1)调准偏振片的取向,使入射到半导体硅片上的激光的偏振方向平行于入射面(入射面定义为水平方向)。在不同的入射角下测量反射激光的功率,并作出 R_p 值与入射角 θ 的关系图,要求入射角的测量范围在实验装置允许的条件下尽可能大。

(2)转动偏振系统以使入射光的偏振方向与入射面垂直,在不同的入射角下测量反射激光的功率,作出 R_S 值与入射角的关系图,要求入射角的测量范围在实验装置允许的条件下尽可能大。

3. 计算半导体硅片材料的折射率

(1)利用 R_S 值与入射角的关系图,求出在入射角为 $20°$、$30°$、$40°$、$50°$、$60°$、$80°$ 下的 6 组 R_p 和 R_S 值。利用这 6 组数据,计算出半导体硅片材料的 6 个折射率的数值。计算 n 的平均值并估算标准差。

(2)利用 R_S 值与入射角的关系图,用外推法确定正入射时的 R_p 和 R_S 值,并由这个结果外推数据计算半导体硅材料的折射率。

4. 数据处理

(1)将实验数据填入自制的实验数据表中。

(2)根据实验数据表中的数据作图,包含激光反射功率与偏振系统角度关系图、R_p 与入射角关系图、R_S 与入射角关系图。

(3)根据表中数据计算出相应量,调节至半导体激光器产生的激光束和偏振片两者偏振方向相同;确定偏振片的偏振方向。

在本实验中,首先必须确定入射激光的偏振面。值得注意的是,半导体激光器发出的为部分偏振光,为了在实验中获得最好的结果,偏振片的偏振轴应与激光最强的线偏振分量一致。将激光器、偏振片和探测器放在一条直线上。固定激光器,旋转偏振片转盘,观测探测器所测得的光强,直至光强达到最大值。在以后的测量中,将偏振片和激光器当作一个系统,需要旋转时一起转动。

根据玻璃的折射率 n,由公式 $\theta_b = \arctan n$ 计算出玻璃的布儒斯特角 θ_b,并按此位置把玻璃样品固定在转台上。旋转偏振系统(激光器和偏振片构成的系统),测量不同偏振角度下的反射激光功率,实验结果见表 4.1 和表 4.2。

表 4.1　实验数据(一)

偏振片角度 φ	激光器角度	最大功率 $P/\mu W$	$\overline{\varphi}$
$246.0°$	$0°$	169.0	
$252.0°$	$0°$	168.0	$250.0°$
$252.0°$	$0°$	169.0	

(1)确定入射光的偏振面。测定半导体激光器产生的激光束和偏振片两者偏振方向相同取向。

当激光束最强偏振光方向与偏振片光轴平行时,探测器测到光功率最大,这时两转盘读数差 ψ(即相对取向)为 $\psi = 360° - \overline{\varphi} = 110.0°$,由此确定偏振片的偏振方向。

表 4.2　实验数据(二)

偏振系统 转动角度	0°	20°	40°	60°	80°	100°	120°	130°	136°	140°	160°	180°
功率 P/μW	1.6	7.0	13.5	15.7	11.5	5.0	1.4	0.9	0.9	1.0	1.0	2.4

　　玻璃的 n＝1.57，其布儒斯特角 θ_b ＝ arctan$n$ ＝ 57.5°。

　　偏振光 P 分量的取向为(130.0°＋136.0°)/2＝133.0°，如图 4.19 所示。

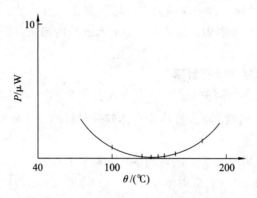

图 4.19　偏振分量随入射角变化关系曲线

　　(2) 测量入射角在 15°～87°范围内入射至半导体硅薄片时(偏振光 P 分量和 S 分量)的反射系数 R_P 和 R_S，得 R_P 和 R_S 与入射角的关系并作图。作图时，要注意在极小值附近，应多测几个点。保证图像的光滑性与正确性。

　　在用外推法确定正入射时的 R_P 和 R_S 值时，要注意两条曲线的 R_P 和 R_S 值在入射角趋于零度时，应归于一点，在图中当入射角为零时，R_P＝R_S＝0.341，将 R_P 与 R_S 代入式(4-33)，即可得 n＝3.81，利用图中 R_P 和 R_S 随入射角变化的关系曲线，求得入射角在 20°、30°、40°、50°、60°、80°下的 6 组数据，见表 4.3。

表 4.3　实验数据(三)

$\theta_t/(°)$	R_P	R_S	n
20°	0.341	0.366	3.93
30°	0.293	0.382	3.82
40°	0.248	0.435	3.81
50°	0.187	0.497	3.82
60°	0.115	0.576	3.85
80°	0.037	0.812	3.61

　　实验结果：硅的折射率 n＝3.81。查资料得，硅在 650 nm 波长光照时，折射率实部 n＝3.842，而虚部 k＝0.014，由于复折射率中虚部相对实部可忽略，所以可以认为对此波长光硅的吸收可忽略，实验结果与公差值 n＝3.84 较接近。另外，硅在空气中长期放置后表面易氧化，用本方法测量折射率的结果将会偏小。

五、注意事项

　　(1) 首先必须确定入射激光的偏振面。

（2）将激光器、偏振片和探测器放在一条直线上。

（3）固定激光器，旋转偏振片转盘观测探测器所测得的光强，直至光强达到最大值。

4.4　光敏传感器的光电特性研究实验

光敏传感器是最常见的传感器之一，它的种类繁多，主要有光电管、光电倍增管、光敏电阻、光敏三极管、太阳能电池、红外线传感器、紫外线传感器、光纤式光电传感器、色彩传感器、CCD 和 CMOS 图像传感器等。国内主要厂商有 OTRON 品牌等。光传感器是目前产量最多、应用最广的传感器之一，它在自动控制和非电量电测技术中占有非常重要的地位。最简单的光敏传感器是光敏电阻，当光子冲击接合处时就会产生电流。

一、实验目的

（1）了解光敏电阻的基本特性，测出它的伏安特性曲线和光照特性曲线。

（2）了解硅光电池的基本特性。

（3）了解硅光敏二极管的基本特性，测出它的伏安特性曲线和光照特性曲线。

（4）了解硅光敏三极管的基本特性。

二、实验仪器

本实验用 FD－LS－A 光敏传感器光电特性研究实验仪，该实验仪由光敏电阻、光敏二极管、光敏三极管、硅光电池四种光敏传感器及可调光源、电阻箱、数字电压表等组成。

三、实验原理

光敏传感器是将光信号转换为电信号的传感器，也称为光电式传感器，它可用于检测直接引起光强度变化的非电量，如光强、光照度、辐射测温、气体成分分析等；也可用来检测能转换成光量变化的其它非电量，如零件直径、表面粗糙度、位移、速度、加速度及物体形状、工作状态识别等。光敏传感器具有非接触、响应快、性能可靠等特点，因而在工业自动控制及智能机器人中得到广泛应用。

1. 光电效应

光敏传感器的物理基础是光电效应，在光辐射作用下电子逸出材料的表面，产生光电子发射，称为外光电效应，或光电子发射效应，基于这种效应的光电器件有光电管、光电倍增管等。电子并不逸出材料表面的则是内光电效应。光电导效应、光生伏特效应则属于内光电效应。半导体材料的许多电学特性都因受到光的照射而发生变化。光电效应通常分为外光电效应和内光电效应两大类，几乎大多数光电控制应用的传感器都是此类，通常有光敏电阻、光敏二极管、光敏三极管、硅光电池等。

1）光电导效应

若光照射到某些半导体材料上时，透射到材料内部的光子能量足够大，某些电子吸收光子的能量，从原来的束缚态变成导电的自由态，这时在外电场的作用下，流过半导体的电流会增大，即半导体的电导会增大，这种现象叫光电导效应。它是一种内光电效应。

光电导效应可分为本征型和杂质型两类。前者是指能量足够大的光子使电子离开价带跃入导带，价带中由于电子离开而产生空穴，在外电场作用下，电子和空穴参与电导，使电导增加。杂质型光电导效应则是能量足够大的光子使施主能级中的电子或受主能级中的空穴跃迁到导带或价带，从而使电导增加。杂质型光电导的长波限比本征型光电导的要长得多。

2）光生伏特效应

在无光照时，半导体 PN 结内部自建电场。当光照射在 PN 结及其附近时，在能量足够大的光子作用下，在结区及其附近就产生少数载流子（电子、空穴对）。载流子在结区外时，靠扩散进入结区；在结区中时，则因电场 E 的作用，电子漂移到 N 区，空穴漂移到 P 区。结果使 N 区带负电荷，P 区带正电荷，产生附加电动势，此电动势称为光生电动势，此现象称为光生伏特效应。

2. 光敏传感器的基本特性

本实验主要是研究光敏电阻、硅光电池、光敏二极管、光敏三极管四种光敏传感器的基本特性。光敏传感器的基本特性包括伏安特性、光照特性等。其中光敏传感器在一定的入射照度下，光敏元件的电流 I 与所加电压 U 之间的关系称为光敏器件的伏安特性。改变照度则可以得到一组伏安特性曲线，它是传感器应用设计时选择电参数的重要依据。光敏传感器的光谱灵敏度与入射光强之间的关系称为光照特性，有时光敏传感器的输出电压或电流与入射光强之间的关系也称为光照特性，它也是光敏传感器应用设计时选择参数的重要依据之一。掌握光敏传感器基本特性的测量方法，为合理应用光敏传感器打好基础。

1）光敏电阻

利用具有光电导效应的半导体材料制成的光敏传感器称为光敏电阻。目前，光敏电阻的应用极为广泛，可见光波段和大气透过的几个窗口都有适用的光敏电阻。利用光敏电阻制成的光控开关在我们日常生活中随处可见。

当内光电效应发生时，光敏电阻电导率的改变量为

$$\Delta\sigma = \Delta p \cdot e \cdot \mu_{\mathrm p} + \Delta n \cdot e \cdot \mu_{\mathrm n} \tag{4-37}$$

在式（4-37）中，e 为电荷电量，Δp 为空穴浓度的改变量，Δn 为电子浓度的改变量，μ 表示迁移率。

当两端加上电压 U 后，光电流为

$$I_{\mathrm{ph}} = \frac{A}{d} \cdot \Delta\sigma \cdot U \tag{4-38}$$

式中，A 为与电流垂直的表面，d 为电极间的间距。在一定的光照度下，$\Delta\sigma$ 为恒定的值，因而光电流和电压成线性关系。

光敏电阻的伏安特性如图 4.20（a）所示，不同的光照度可以得到不同的伏安特性，表明电阻值随光照度发生变化。光照度不变的情况下，电压越高，光电流也越大，而且没有饱和现象。当然，与一般电阻一样光敏电阻的工作电压和电流都不能超过规定的最高额定值。光敏电阻的光照特性则如图 4.20（b）所示。不同的光敏电阻的光照特性是不同的，但是在大多数的情况下，曲线的形状都与图 4.20（b）的结果类似。由于光敏电阻的光照特性是非线性的，因此不适宜作线性敏感元件，这是光敏电阻的缺点之一。所以在自动控制中光敏电阻常用作开关量的光电传感器。

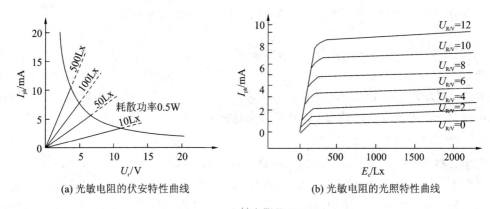

(a) 光敏电阻的伏安特性曲线　　　　　　(b) 光敏电阻的光照特性曲线

图 4.20　光敏电阻特性曲线

2) 硅光电池

硅光电池是目前使用最为广泛的光伏探测器之一。它的特点是工作时不需要外加偏压，接收面积小，使用方便。缺点是响应时间长。

图 4.21(a) 为硅光电池的伏安特性曲线。在一定光照度下，硅光电池的伏安特性呈非线性。

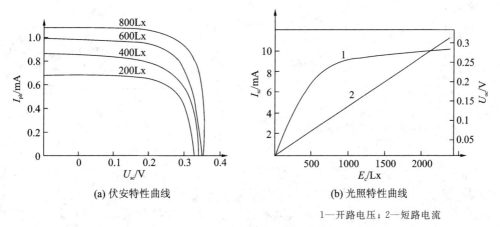

(a) 伏安特性曲线　　　　　　(b) 光照特性曲线

1—开路电压；2—短路电流

图 4.21　硅光电池的特性曲线

当光照射硅光电池时，将产生一个由 N 区流向 P 区的光生电流 I_{ph}；同时由于 PN 结二极管的特性，存在正向二极管管电流 I_D，此电流方向与光生电流方向相反。所以实际获得的电流为

$$I = I_{ph} - I_D = I_{ph} - I_0 \left[\exp\left(\frac{eU}{nk_B T} \right) - 1 \right] \qquad (4-39)$$

式中，U 为结电压；I_0 为二极管反向饱和电流；n 为理想系数，表示 PN 结的特性，通常在 1 和 2 之间；k_B 为玻尔兹曼常数；T 为绝对温度。短路电流是指负载电阻相对于光电池的内阻来讲很小时的电流。在一定的光照度下，当光电池被短路时，结电压 U 为 0，从而有

$$I_{sc} = I_{ph} \qquad (4-40)$$

负载电阻在 20 Ω 以下时，短路电流与光照有比较好的线性关系，负载电阻过大，则线性会变坏。

开路电压则是指负载电阻远大于光电池的内阻时硅光电池两端的电压，而当硅光电池

的输出端开路时有 $I=0$，由式(4-39)和式(4-40)可得开路电压为

$$U_{oc} = \frac{nk_B T}{q}\ln\left(\frac{I_{sc}}{I_0} + 1\right) \qquad (4-41)$$

图 4.21(b)为硅光电池的光照特性曲线。开路电压与光照度之间为对数关系，因而具有饱和性。因此，把硅光电池作为敏感元件时，应该把它当作电流源的形式使用，即利用短路电流与光照度成线性的特点，这是硅光电池的主要优点。

3）光敏二极管和光敏三极管

光敏二极管的伏安特性相当于向下平移了的普通二极管，光敏三极管的伏安特性和光敏二极管的伏安特性类似，如图 4.22(a)和 4.22(b)所示。但光敏三极管的光电流比同类型的光敏二极管大好几十倍，零偏压时，光敏二极管有光电流输出，而光敏三极管则无光电流输出。原因是它们都能产生光生电动势，只因光电三极管的集电结在无反向偏压时没有放大作用，所以此时没有电流输出（或仅有很小的漏电流）。

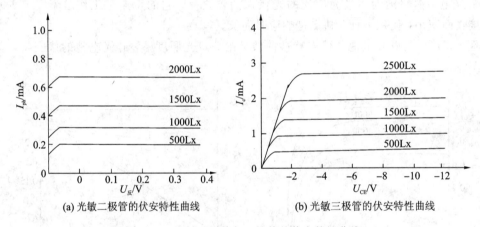

(a) 光敏二极管的伏安特性曲线　　　　(b) 光敏三极管的伏安特性曲线

图 4.22　光敏二极管与三极管的伏安特性曲线

如图 4.23 所示，光敏二极管的光照特性亦呈良好的线性，这是由于它的电流灵敏度一般为常数。而光敏三极管在弱光时灵敏度低些，在强光时则有饱和现象，这是由于电流放大倍数的非线性所致，这对弱信号的检测不利。故一般在作线性检测元件时，可选择光敏二极管而不能用光敏三极管。

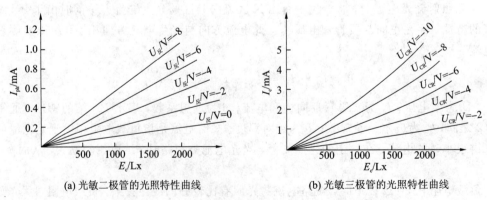

(a) 光敏二极管的光照特性曲线　　　　(b) 光敏三极管的光照特性曲线

图 4.23　光敏二极管与光敏三极管的光照特性曲线

四、实验内容及步骤

1. 光敏电阻的特性测试

1) 光敏电阻的伏安特性测试

（1）按图 4.24 接好实验线路，光源用标准钨丝灯，将检测用光敏电阻装入待测点，连接 2～12 V 电源，光源电源为 0～24 V 可调。

（2）先将可调光源调至一定的光照度，每次在一定的光照条件下，测出加在光敏电阻上电压为 +2 V、+4 V、+6 V、+8 V、+10 V、+12 V 时电阻 $R = 1\,k\Omega$ 两端的电压 U_R，从而得到 6 个光电流数据 $I_{ph} = U_R/1\,k\Omega$，同时算出此时光敏电阻的阻值，即 $R_g = (U_{CC} - U_R)/I_{ph}$。之后调节相对光强重复上述实验（要求至少在二个不同照度下重复以上实验）。

（3）根据实验数据画出光敏电阻的一组伏安特性曲线。

2) 光敏电阻的光电特性

（1）按图 4.24 接好实验线路，光源用标准钨丝灯，将检测用光敏电阻装入待测点，连接 2～12 V 电源，光源电源为 0～24 V 可调。

（2）从 $U_{CC} = 0$ 开始到 $U_{CC} = 12$ V，每次在一定的外加电压下测出光敏电阻在相对光照度从弱光到逐步增强的光电流数据，即 $I_{ph} = U_R/1\,k\Omega$，同时算出此时光敏电阻的阻值即 $R_g = (U_{CC} - U_R)/I_{ph}$。这里要求至少测出 15 个不同照度下的光电流数据，尤其要在弱光位置选择较多的数据点，以使所得到的数据点能够绘出完整的光照特性曲线。

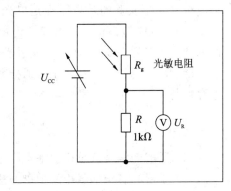

图 4.24　光敏电阻测试电路连线方式

2. 光敏二极管的特性测试实验

1) 光敏二极管的伏安特性测试实验

（1）按图 4.25 连接好实验线路，光源用标准钨丝灯，将待测硅光敏二极管装入待测点，光源电源为 0～24 V 可调。

（2）将可调光源调至一定的照度，每次在一定的照度下，测出加在光敏二极管上的反偏电压与产生的光电流的关系数据，其中光电流 $I_{ph} = U_R/1\,k\Omega$（1 kΩ 为取样电阻），之后逐步调大相对光强（3 次），重复上述实验。根据实验数据画出光敏二极管的伏安特性曲线。

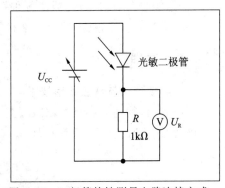

图 4.25　二极管特性测量电路连接方式

2) 光敏二极管的光照度特性测试

（1）按图 4.25 接好实验线路，光源用标准钨丝灯，将检测用光敏电阻装入待测点，连接 0～24V 电源。

（2）从 $U_{CC} = 0$ 开始到 $U_{CC} = 12$ V，每次在一定的偏置电压下测出光敏二极管在相对光照度从弱光到逐步增强的光电流数据，其中 $I_{ph} = U_R/1\,k\Omega$（1kΩ 为取样电阻），这里要求至少测出 9 个不同照度下的光电流数据，尤其要在弱光位置选择较多的数据点，以使所得到的数据点能够绘出完整的光照特性曲线。

（3）根据实验数据画出光敏二极管的一组光照特性曲线。

五、注意事项

硅光电池在零偏置时，流过 PN 结的电流为 $I-I_p$（反相光电流），故硅光电池在零偏置无光照时，硅光电池输出电压不为零，只有使硅光电池处于负偏时，流过 PN 结的电流 $I=I_p-I_s$（反相饱和电流）为零，才能使硅光电池输出电压为零。

4.5　全息光学实验

全息光学实验的基本原理是以光波的干涉和衍射为基础的。它的物理思想早在 1948 年就由盖伯（D. Gabor）首先创立，但由于当时缺乏相干性好的光源，因而几乎没有引起人们的注意。直到 1960 年激光器问世后，才使全息技术得到迅速发展，成为科学技术上一个崭新的领域。由于全息照相比普通照相具有更多的特点，所以在干涉计量、无损检测、信息存贮与处理、遥感技术、生物医学和国防科研中获得了极其广泛的应用。

一、实验目的

（1）了解光学全息照相的基本原理和它的主要特点。
（2）学习静态全息照相的拍摄方法和有关技术。
（3）掌握全息照相再现物像的性质和观察方法。

二、实验仪器

全息实验台（包括激光器及各种镜头支架、载物台、底片夹等部件和固定这些部件所用的磁钢），全息照相感光胶片（全息干板），暗室冲洗胶片的器材等。

三、实验原理

1. 全息照相与全息照相技术

照相是将物体上各点发出或反射的光记录在感光材料上。由光的波动理论知道，光波是电磁波。一列单色波可表示为

$$x = A\cos\left(\omega t + \varphi - \frac{2\pi r}{\lambda}\right) \tag{4-42}$$

式中，A 为振幅，ω 为圆频率，λ 为波长，φ 为波源的初相值。

一个实际物体发射或反射的光波比较复杂，但是一般可以看成是由许多不同频率的单色光波的叠加：

$$x = \sum_{i=1}^{n} A_i \cos\left(\omega_i t + \varphi_i - \frac{2\pi r_i}{\lambda_i}\right) \tag{4-43}$$

因此，任何一定频率的光波都包含着振幅（A）和位相（$\omega t+\varphi-2\pi r/\lambda$）两大信息。光在传播过程中，借助于它们的频率、振幅和位相来区别物体的颜色（频率）、明暗（振幅平方）、

形状和远近(位相)。

普通照相是通过成像系统(照相机镜头)使物体成像在感光材料上,材料上的感光强度只与物体表面光强分布有关,所以它只记录了光波的振幅信息,因为光强与振幅平方成正比,无法记录物体光波的位相差别。因此,普通照相记录的只能是物体的一个二维平面像,失去了立体感。

全息照相不仅记录了物体发出或反射的光波的振幅信息,而且把光波的位相信息也记录了下来,所以全息照相技术所记录的并不是普通几何光学方法形成的物体像,而是物光光波本身,它记录了光波的全部信息,并且在一定条件下,能将所记录的全部信息再现出来,因而再现的物像是一个逼真的三维立体像。

全息照相包含两个过程。第一,把物体光波的全部信息记录在感光材料上,称为记录(拍摄)过程;第二,照明已被记录下来的全部信息的感光材料,使其再现原始物体的光波,称为再现过程。

全息照相的基本原理是以波的干涉为基础的。所以,除光波外,对其他的波动过程如声波、超声波等也都适用。图 4.26 为全息照相光路图。

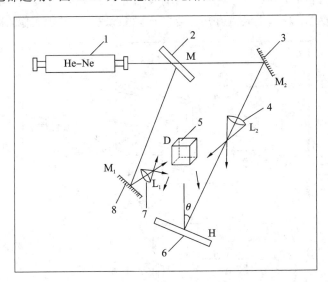

1—激光器;2—分束镜;3、8—反射镜;4、7—扩束镜;5—被摄物;6—感光胶片

图 4.26　全息照相光路图

2. 全息照相的基本过程——记录和再现

1) 全息照相记录过程原理——光的干涉

怎样才能把物光的全部信息同时记录下来呢? 由物理光学可知,利用干涉的方法,以干涉条纹的形式就可以记录物光的全部信息。图 4.26 是记录过程中所使用的光路。相干性极好的 He-Ne 激光器发出激光束,通过分束镜 M 分成两束。其中一束光经反射镜 M_1 反射,再由扩束镜 L_1 将光束扩大后均匀地照射到被摄物体 D 上,经物体表面反射(或透射)后再照射到感光材料(实验中用全息感光胶片)H 上,一般称这束光为物光;另一束光经反射镜 M_2 反射、L_2 扩束后,直接均匀地照射到 H 上,一般称这束光为参考光。这两束光在胶片 H 上叠加干涉,出现了许多明暗不同的花纹、小环和斑点等干涉图样,被胶片 H 记录下来,再经过摄影、定影等处理,成了一张有干涉条纹的"全息照片"(或称全息图)。干涉图

样的形状反映了物光和参考光间的位相关系,干涉条纹明暗对比程度(称为反差)反映了光的强度关系,干涉条纹的疏密则反映了物光和参考光的夹角。

  2) 全息照相再现过程的原理——光的衍射

  我们知道,人之所以能看到物体,是因为从物体发出或反射的光波被人的眼睛所接收。所以,如果要想从全息照相的"照片"上看到原来物体的像,直接观察"照片"是看不到的,而只能看到复杂的干涉条纹。如果要看到原来物体的像,则必须使"照片"能再现原来物体发出的光波,这个过程就被称为全息照片的再现过程。这一过程所利用的是光栅衍射原理。

  再现过程的观察光路如图 4.27 所示。一束从特定方向或与原来参考光方向相同的激光束照明全息照片,"照片"上每一组干涉条纹相当于一个复杂的光栅,它使再现光发生衍射。我们沿衍射方向透过"照片"朝原来被摄物的方向观察时,就可以看到一个完全逼真的三维立体图像。为讨论方便起见,取全息照片某一小区域 ab 为例,同时把再现光看成是一束平行光,且垂直照射于"照片"上,如图 4.28 所示。按光栅衍射原理,再现光将发生衍射,其 +1 级衍射光是发散光,与物体在原来位置时发出的光波完全一样,将形成一个虚像,与原物体完全相应,称为真像;-1 级衍射光是会聚光,将形成一个共轭实像,称为膺像。

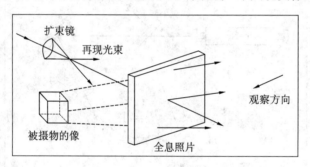

图 4.27 再现观察光路图

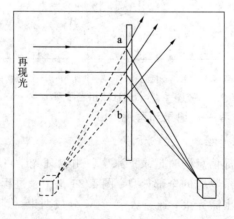

图 4.28 侧视图

3. 全息照相的主要特点和应用

1) 全息照相的体视特性

全息照片再现的被摄物体是一幅完全逼真的三维立体图像。因此,当我们移动眼睛从不同的角度去观察时，就好像面对原物体一样，可看到原来被遮住的侧面，图 4.29 就是从不同的角度去观察同一张全息照片时的全面的视差特性。

2）全息照相的可分割性

全息照片上的任一小区域都分别记录了从同一物点发出的不同倾角的物光信息。因此，通过全息照片的任一碎片仍能再现出完整的图像。

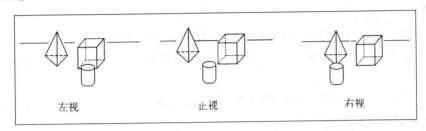

左视　　　　　　　　　　正视　　　　　　　　　　右视

图 4.29　从不同角度观察同一张全息照

3）全息照片的多重记录性

在一次全息照相拍摄曝光后，只要稍微改变感光胶片的方位，如转过一定角度，或改变参考光的入射方向，就可在同一张感光胶片上进行第二次、第三次的重叠记录。再现时，只要适当转动全息照片即可获得各自独立互不干涉的图像。

由于全息照相技术具有上述独特的特点，所以，在各个领域中已得到较为广泛的应用。如利用全息照相的体视特性，可作三维显示、立体广告、立体电影、立体电视等，利用全息照相的可分割性和多重记录特性，可作信息存储、全息干涉计量、振动频谱分析、无损检测和测量位移、应力、应变等。

4. 拍摄系统的技术要求

为了拍摄合乎要求的全息照片，对拍摄系统有一定的技术要求，通常包括下述几个方面。

（1）对于全息照相的光学系统，要求有特别高的机械稳定性。如果物光和参考光的光程稍有不规则的变化，就会使干涉图像模糊不清，即像地面振动而引起工作台面的振动，光学元件及物体夹得不牢固而引起的抖动，强烈声波振动而引起空气密度的变化等，都会引起干涉条纹的不规则漂移而使图像模糊。因此，拍摄系统必须安装在具有防振装置的平台上，系统中光学元件和各种支架都要用磁钢牢固地吸在钢板上。在曝光过程中尽量不要走动，不要高声说话，以保证干涉条纹无漂移。

（2）要有好的相干光源。一般实验中常采用 He - Ne 激光器作为光源；同时物光和参考光的光程差要符合相干条件，一般常使两者光程大致相等。

（3）物光和参考光的光强比要合适。一般以 1∶4 到 1∶10 为宜；两者间夹角小于 45°，因为夹角越大，干涉条纹间距越小，条纹越密，对感光材料分辨率的要求也越高。

四、实验内容及步骤

1. 漫反射全息照片的拍摄

1）光路的调整

按图 4.26 所示光路放置各元器件，并作如下调整：

（1）使各元器件同轴等高；

（2）使参考光均匀照亮胶片上的白纸屏，使入射光均匀照明被摄物体，而其漫反射光能照射到白纸屏上，调节两束光的夹角约为 30°；

（3）使物光和参考光的光程大致相等（合适的光强比问题，实验室已根据被摄物的情况在选择分束镜 M 时一起考虑了）。

2）曝光、拍摄

（1）根据物光和参考光的总光强确定曝光时间（实验室提供参考时间）；

（2）关闭所有光源，在全暗条件下轻轻地将胶片装在胶片夹上（先取下夹上的白纸屏），稍等片刻；

（3）打开激光光源进行自动定时曝光，然后关闭激光光源，取下胶片仍用黑纸包好。

2. 全息照片的冲洗

在照相暗室中，按暗室操作技术规定进行显影、停显、定影、水洗及冷风干燥等工作。在白炽灯下观看时，若有干涉条纹，说明拍摄冲洗成功。

3. 全息照片再现像的观察

按图 4.27 所示光路观察再现的虚像（真像）。观察时，注意比较再现虚像的大小、位置与原物的情况，体会全息照相的体视性。再通过小孔观察再现虚像，并改变小孔覆盖在全息照片上的位置，体会全息照相的可分割性。详细记录观察结果。

五、注意事项

（1）所有光学元件不能用手摸，必要时用专用镜头纸轻轻擦拭。

（2）不要用眼睛直接对准激光束观察。

（3）遵守暗室操作规程。

4.6　几何光学设计性实验

几何光学主要是以光线为基础，用几何的方法来研究光在介质中的传播规律及光学系统的成像特性，是研究光的传播和成像规律的一个重要的实用性分支学科。在几何光学中，把组成物体的物点看作是几何点，把它所发出的光束看作是无数几何光线的集合，光线的方向代表光能的传播方向。在此假设下，根据光线的传播规律，在研究物体被透镜或其他光学元件成像的过程，以及设计光学仪器的光学系统等方面都显得十分方便和实用。

一、实验目的

（1）了解显微镜的基本原理和结构，并掌握其调节、使用和测量它的放大率的一种方法。

（2）了解望远镜的基本原理和结构，并掌握其调节、使用和测量它的放大率的一种方法。

（3）了解幻灯机的原理和聚光镜的作用，掌握透射式投影光路系统的调节。

二、实验原理及内容

1. 自组显微镜实验

1）实验原理

显微镜是由两个凸透镜共轴组成的，其中，物镜的焦距很短，目镜的焦距较长。如图 4.30 所示，实物 PQ 经物镜 L_o 成倒立实像 $P'Q'$ 于目镜 L_e 的物方焦点 F_e 的内侧，再经目镜 L_e 成放大的虚像 $P''Q''$ 于人眼的明视距离处。

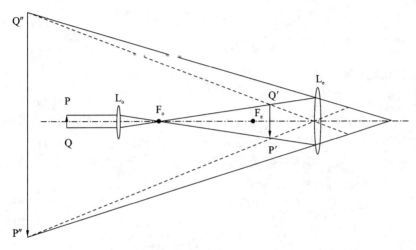

图 4.30　显微系统光路图

2）实验仪器

本实验所用仪器有：白炽灯光源，1/10 mm 分划板，二维调整架，物镜，测微目镜（去掉其物镜头的读数显微镜），读数显微镜架，三维底座，一维底座，通用底座。

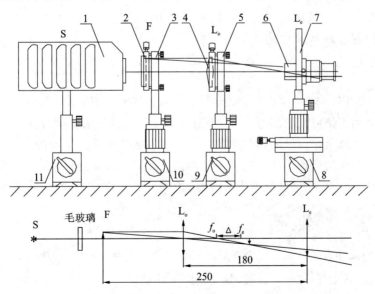

1—光源；2—1/10 分划板 F；3，5—二维调整架；4—物镜 L_o；6—测微目镜 L_e；7—显微镜架；8～11—滑座

图 4.31　自制显微镜系统光路图

3）实验步骤

（1）把全部器件按图 4.31 的顺序摆放在平台上，靠拢后目测调至其共轴。

（2）把透镜 L_o、L_e 的间距固定为 180 mm。

（3）沿标尺导轨前后移动 F（F 紧挨毛玻璃装置，使 F 置于略大于 f_o 的位置），直至在显微镜系统中看清分划板 F 的刻线。

4）数据处理

显微镜的放大率计算公式：

$$M = \frac{|250 \times \Delta|}{f_o \times f_e} \tag{4-44}$$

其中：$\Delta = f_o - f_e$。

2. 自组望远镜实验

1）实验原理

最简单的望远镜是由一片长焦距的凸透镜作为物镜，用一短焦距的凸透镜作为目镜组合而成。远处的物经过物镜在其后焦面附近成一缩小的倒立实像，物镜的像方焦平面与目镜的物方焦平面重合。而目镜起一放大镜的作用，把这个倒立的实像再放大成一个正立的像，图 4.32 为开普勒望远镜的光路示意图。

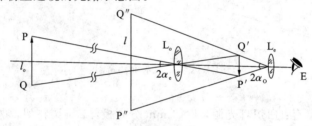

图 4.32　开普勒望远镜光路图

用望远镜和显微镜观察物体时，一般视角均甚小，因此视角之比可用其正切之比代替，于是光学仪器的放大率 M 可近似地写成：

$$M = \frac{\tan\alpha_0}{\tan\alpha_e} = \frac{l}{l_0} \tag{4-45}$$

式中，l_0 是被测物 PQ 的大小，l 是在物体所处平面上被测物的虚像 $P''Q''$ 的大小。

在实验中，为了把放大的虚像 l 与 l_0 直接比较，常用目测法来进行测量。对于望远镜，其方法是：选一个标尺作为被测物，并将它安放在距物镜大于 1.5 m 处，用一只眼睛直接观察标尺，另一只眼睛通过望远镜观看标尺的像。调节望远镜的目镜，使标尺和标尺的像重合且没有视差，读出标尺和标尺像重合区段内相对应的长度，即可得到望远镜的放大率。

2）实验仪器

本实验所用仪器有：白炽灯光源，毫米尺，二维调整架，物镜 $f_o = 225$ mm，测微目镜（去掉其物镜头的读数显微镜），读数显微镜架，通用底座。

3）实验步骤

（1）把全部器件按图 4.33 的顺序摆放在平台上，靠拢后目测调至其共轴。

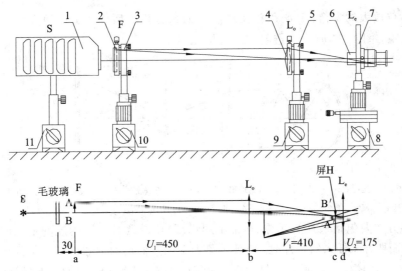

1—光源；2—毫米 PF；3，5—二维调整架；4—物镜；6—测微目镜 L_e；7—读数显微镜架；8～11—滑座

图 4.33　自制望远镜系统光路图

（2）把 F 和 L_e 的间距调至最大，沿 F 导轨前后移动 L_o，使一只眼睛通过 L_e 看到清晰的分划板 F 上的刻线。

（3）再用另一只眼睛直接看分划板上毫米尺 F 的刻线，读出直接看到的 F 上的满量程 28 条线对应于通过望远镜所看到 F 上的刻线格数 e。

（4）分别读出 F、L_o、L_e 的位置 a、b、d。

（5）去掉 L_e，用屏 H 找到 F 通过 L_o 所成的像，读出 H 的位置 c。

4）数据处理

$$M = \frac{\omega'}{\omega} = \frac{P'Q'/U_2}{PQ/(U_1 + V_1 + U_2)} = \frac{P'Q'}{PQ} \times \frac{U_1 + V_1 + U_2}{U_2} \qquad (4-46)$$

又因为 $\dfrac{P'Q'}{PQ} = \dfrac{V_1}{U_1}$，所以，望远镜的计算放大率为

$$M = \frac{V_1(U_1 + V_1 + U_2)}{(U_1 \times U_2)} \qquad (4-47)$$

望远镜的测量放大率为

$$M = \frac{140}{e} \qquad (4-48)$$

例如，$f_{左} = 50$ mm，$f_{右} = 190$ mm。通过目镜拍摄到的 6 个格子距离为 $h = 690$，未通过目镜拍摄到的 6 个格子距离为 $l = 82$，故由测量所得放大倍数如下：

$$M = \frac{h}{l} = \frac{690}{82} \approx 8.41 \qquad (4-49)$$

3. 透射式幻灯机组装实验

1）实验原理

幻灯机能将图片的像放映在远处的屏幕上，但由于图片本身并不发光，所以要用强光照亮图片，因此幻灯机的构造总是包括聚光和成像两个主要部分，在透射式的幻灯机中，图片是透明的。成像部分主要包括物镜 L、幻灯片 P 和远处的屏幕。为了使这个物镜能在

屏上产生高倍放大的实像,P 必须放在物镜 L 的物方焦平面外很近的地方,使物距稍大于 L 的物方焦距。图 4.34 所示为透射式幻灯机光路图。

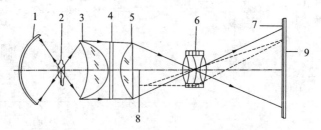

1—反光镜；2—光源；3—透镜 L_1；4—隔热玻璃；5—透镜 L_2；6—放映镜；7—银幕；8—幻灯片 P；9—成像

图 4.34　透射式幻灯机光路图

聚光部分主要包括很强的光源(通常采用钨灯)和透镜 L_1、L_2 构成的聚光镜。聚光镜的作用是一方面要在未插入幻灯片时,能使屏幕上有强烈而均匀的照度,并且不出现光源本身结构(如灯丝等)的像；一经插入幻灯片后,能够在屏幕上单独出现幻灯图片的清晰的像。

另一方面,聚光镜要有助于增强屏幕上的照度。因此,应使从光源发出并通过聚光镜的光束能够全部到达像面。为了这一目的,必须使这束光全部通过物镜 L,这可用所谓"中间像"的方法来实现。即聚光器使光源成实像,成实像后的那些光束继续前进时,不超过透镜 L 边缘范围。光源的大小以能够使光束完全充满 L 的整个面积为限。聚光镜焦距的长短是无关紧要的。通常将幻灯片放在聚光器前面靠近 L_2 的地方,而光源则置于聚光器后 2 倍于聚光器焦距之处。聚光器焦距等于物镜焦距的一半,这样从光源发出的光束在通过聚光器前后是对称的,而在物镜平面上光源的像和光源本身的大小相等。

2) 实验仪器

本实验所用仪器有:白炽灯光源,聚光镜,二维调整架,幻灯底片,干板架,放映物镜,白屏,三维底座。

3) 实验步骤

(1) 把全部仪器按图 4.35 的顺序摆放在平台上,靠拢后目测调至其共轴。

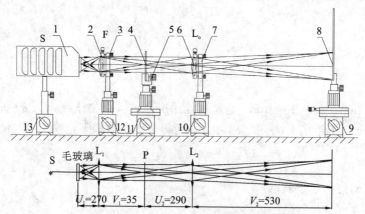

1—光源；2—聚光镜 L_1；3，7—二维调整架；4—幻灯片底片 P；5—干板架；

6—放映物镜 L_2；8—白屏；9~13—三维底座

图 4.35　自制透射式幻灯机系统光路图

（2）将 L_2 与 H 的间隔固定在间隔所能达到的最大位置，前后移动 P，使其经 L_2 在屏 H 上成一最清晰的像。

（3）将聚光镜 L_1 紧挨幻灯片 P 的位置固定，拿去幻灯片 P，沿导轨前后移动光源 S，使其经聚光镜 L_1 刚好成像于白屏 H 上。

（4）再把底片 P 放在原位上，观察像面上的亮度和照度的均匀性，并记录下所有仪器的位置，计算 U_1、U_2、V_1、V_2 的大小。

（5）把聚光镜 L_1 拿掉，观察像面上的亮度和照度的均匀性。

注意：演示其现象时的参考数据为 $U_1=270$、$V_1=35$、$U_2=290$、$V_2=520$，和计算焦距时的数据并不相同。

4）数据处理

放映物镜的焦距：

$$f_2 = \frac{M}{(M+1)^2} \times D_2 \tag{4-50}$$

聚光镜的焦距：

$$f_1 = \frac{D_1}{(M+1)} - \frac{D_1}{(M+1)^2} \tag{4-51}$$

其中：$D_2 = U_2 + V_2$，$D_1 = U_1 + V_1$，$M_i = \dfrac{V_i}{U_i}$ $(i=1,2)$，M_i 为像的放大率

$$f_i = \frac{U_i V_i}{U_i + V_i} \quad (i=1,2) \tag{4-52}$$

4.7　组合干涉仪实验

组合干涉仪是利用干涉原理测量光程之差从而测定有关物理量的光学仪器。两束相干光间光程差的任何变化会非常灵敏地导致干涉条纹的移动，而某一束相干光的光程变化是由它所通过的几何路程或介质折射率的变化引起的，所以通过干涉条纹的移动变化可测量几何长度或折射率的微小改变量，从而测得与此有关的其他物理量。测量精度取决于测量光程差的精度，干涉条纹每移动一个条纹间距，光程差就改变一个波长，所以干涉仪是以光波波长为单位测量光程差的，其测量精度之高是任何其他测量方法所无法比拟的。

本实验中的组合干涉仪在迈克尔逊干涉仪模式下可以观察干涉现象（如等倾干涉、等厚干涉、白光干涉等），进行精细波长对比，确定零光程差，测量空气及薄片的折射率。在法布里-珀罗模式（简称 F-P 模式）下可以观察多光束干涉，测量光谱的精细结构（如钠双线波长差）。在泰曼-格林模式下可以演示透镜、棱镜等光学元件的缺陷。

该仪器将迈克尔逊干涉、法布里-珀罗干涉、泰曼-格林干涉三种经典模式的干涉合为一体。如图4.36所示，箱体底座由厚钢板制成，并设计有稳定的刚性骨架。

在底座侧板上设有光源的安装孔，即激光器及钠钨双灯的安装孔及用于放置其他小物件（如扩束器、透明薄片夹）的安装孔。定镜 8 既是迈克尔逊干涉仪的定镜，也是法布里-珀罗干涉仪的一个反射镜。分束器上镀有半透半反膜。补偿板与分束器镜片厚度相同，并与其垂直。分束器与补偿板的相对位置出厂前经过调整，用户不需要改动。迈克尔逊干涉仪

的动镜由精密测微头控制。微调测微头每旋转一个最小刻度，动镜移动 250 nm。毛玻璃屏可用于接收干涉环，使干涉环更清晰，此外它还可以使眼睛避免强光的伤害。

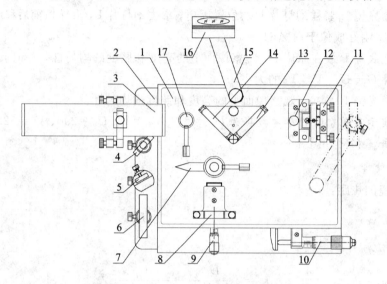

1—底座；2—侧板；3—光源（激光器或钠钨双灯）；4—扩束器；5—薄膜夹持架；6—毛玻璃屏；7—旋转指针；8—定镜（也是 F-P 干涉仪反射镜）；9—预置测微头；10—精密测微头；11—动镜；12—安装毛玻璃屏和 F-P 镜的小台；13—补偿板；14—分束器；15—延伸架；16—二合一观察屏；17—扩束器安装孔（孔位 2）

图 4.36　组合干涉仪装置俯视图

实验一　迈克尔逊干涉仪

一、实验原理

图 4.37 是迈克尔逊干涉仪的原理示意图。一束光照到分束器 BS 上，50% 的入射光被反射，50% 的光透射，因此光束被均分为两束，一束反射向定镜 M_1，一束透射后射向 M_2。两个反射镜都将光反射回分束器，来自 M_1 的光透过分束器 BS 到达观察者的眼睛。来自 M_2 的光通过补偿板，再通过分束器反射到观察者的眼睛 E。

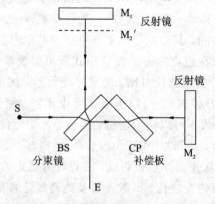

图 4.37　迈克尔逊干涉仪原理示意图

由于两束光来自同一个光源，在相干长度范围内两束光汇合构成相干光。将扩束器放到光源与分束器之间时，就可以观察到明暗相间的条纹，即干涉条纹。在上图中 M_2' 是 M_2

的虚像。迈克尔逊干涉仪光程差可以看做是 M_1 与 M_2' 之间的气隙。补偿板与分束器的厚度及折射率相同。两束光在分束器与补偿板中所经过的光程是相等的，不同波长的光有相同的光程差，所以很容易观察到白光干涉。

图 4.38 是干涉环产生的过程。M_2' 是 M_2 的虚像，平行于 M_1。简单地说，光源 L 在观察者的位置，L_1 与 L_2 是由 M_1 及 M_2' 产生的光源 L 的虚像，是相干的。设 d 是 M_1 与 M_2' 之间的距离，所以 L_1 与 L_2 之间的距离为 $2d$。所以，如果 $d = m\lambda/2$（m 为整数），来自法线方向 L_1 与 L_2 的光束的相位是相同的，但其他方向的相位就不同了。从点 P' 和点 P'' 到观察者之间的光束有个光程差 $2d\cos\theta$。如果 M_1 平行于 M_2'，两光束有相同的角度 θ，并且互相平行。所以，当 $2d\cos\theta = n\lambda$（n 为整数），双光束叠加到最强值。对于一定的 n、λ 和 d，角度 θ 也是不变的，叠加最大值点组成了干涉圆环。圆环的中心位于镜面的垂线与地面的交点上。

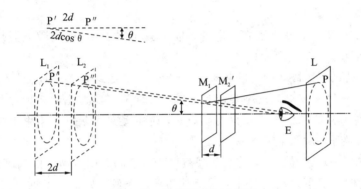

图 4.38　干涉环产生示意图

二、实验内容及步骤

1. 获得迈克尔逊干涉条纹

（1）如图 4.39 所示，将激光器装入光源安装孔中，调节激光器支架上的手钮，使激光束平行于底座台面。

（2）先将扩束器放在孔位 2 中，调节激光器的高度，使激光打在扩束器的中心。移走扩束器并调节氦氖激光器支架的偏转手钮，使激光束打在动镜的中心。

（3）调节动镜后面的手钮，使反射光束返回激光器的出口。

（4）先将延伸架装在孔位 1 中，再将二合一观察屏装在延伸架上，确保白屏面向操作者，可以在屏上看到两组亮点。一组来自动镜，一组来自定镜。这两组亮点中较暗的光点是多次反射的结果。

图 4.39　迈克尔逊干涉仪装置图

（5）仔细调节动镜后面的偏转手钮，使两组亮点中最亮的两个重合。转动延伸架使光斑打在白屏的中心。

（6）将扩束器放在孔位 2 中，调节激光器支架的手钮使扩束后的激光照亮整个定镜和动镜，这时可以在屏上看到干涉图。观察条纹的走向，仔细体会条纹在水平、竖直走向时调节相应的手钮后的条纹变化。调节动镜使条纹向变粗、变弯曲的方向移动。通过上述调节，可以使白屏中心出现激光束的干涉圆环。

注意：

① 激光对人眼有害，应避免激光直射入眼睛。

② 观察激光干涉条纹时严禁使用反射镜作为观察屏。

③ 为更容易观察干涉现象，请在暗环境下进行实验操作。

2. 使用钠灯获得干涉条纹

获得钠光的干涉条纹比获得激光干涉要困难一点，建议先使用激光器调出干涉条纹，并通过调节粗调测微头，使干涉条纹变得比较大，接近零光程位置，然后换上钠光灯继续调节。

实验步骤如下：

（1）如图 4.39 所示，关掉激光器电源，取下激光器支架（连同激光器），换上钠钨双灯，移走扩束器。

注意： 通常情况下，钠灯在接通电源 10 分钟后才能达到其亮度的最大值。不过我们只要把钠灯预热 5 分钟就可以做这个实验了。可以在调节光路前先打开钠灯电源进行预热。另外钠钨双灯在工作过程中会释放出大量的热，请不要用手触碰灯罩中上部分以防烫伤，移动钠钨双灯时要手持双灯插杆部分。

（2）转动二合一观察屏 180°，使当前观察屏为反射镜。调节钠灯的高度使钠光束照亮整个观察屏。此时一般可以从反射镜中看到钠的干涉条纹。如果看不见干涉条纹的话，很可能是换光源时震动太大，光路有了变化，这就需要进行下一步的调节。

（3）用一个针孔屏置于钠灯前（针孔屏可以自己做，用大头针在名片上刺个小孔即可），这时可以从反射屏中看见两个针孔的像，调节动镜的手钮使它们重合，则此时钠光已经干涉。

（4）移开针孔屏，即可观察到干涉条纹，调节动镜的偏转手钮使干涉环的中心出现在反射镜中。把毛玻璃屏安装在孔位 2 中可以使干涉图案变得更清楚。

（5）转动精密测微头，观察干涉条纹的变化，并比较其与激光干涉条纹变化的异同。

3. 观察等倾干涉条纹

图 4.40 为等倾干涉条纹图样，我们可以通过迈克尔逊干涉仪来了解不同干涉条纹的产生原理。如图 4.41 所示，动镜 M_2 的像为 M_2'。在观察者的眼中，两束光好像分别来自 M_1 和 M_2'，而干涉图样就是由 M_1 和 M_2' 之间薄薄的一层空气膜干涉引起的。M_1 和 M_2' 之间有一定距离，二者距离、夹角不同，干涉图样也不尽相同。当两者平行时，等倾干涉就产生

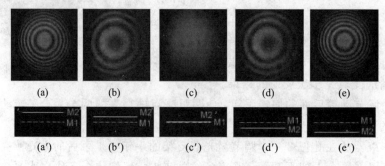

图 4.40　等倾干涉条纹图样

了。点光源 S 射出的光使得同一入射角的光束形成同一级干涉条纹，因此等倾干涉条纹为一组同心圆环。

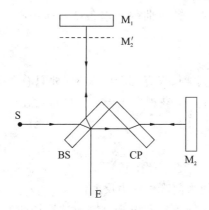

图 4.41　等倾干涉光路示意图

实验步骤如下：

（1）使用激光器作为光源调出干涉条纹。

（2）转动精密测微头至读数中间部位，同时调节预置测微头，使干涉条纹变得比较大（屏上只有 2～3 个环即可），并使干涉环的圆心在屏的中央，该圆的干涉环即为等倾干涉图。

（3）转动精密测微头，调节范围在 0～25 mm，观察干涉环的变化。

4. 观察等厚干涉条纹

在出现等倾干涉条纹的基础上，如果 M$_1$ 与 M$_2'$ 之间夹角很小，在它们之间形成空气劈尖，调节 M$_2$ 后面的偏转手钮，就可以看到等厚干涉条纹，如图 4.42 所示。空气层厚度相同的地方对应同一级干涉条纹，因此等厚干涉的条纹为一组平行直条纹。

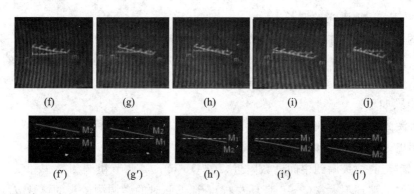

图 4.42　等厚干涉条纹图样

（1）装好激光器，将精密测微头旋转至读数中间位置（10～15 mm 之间）。

（2）调节激光器与动镜，在白屏上得到干涉图样。

（3）调节预置测微头，使干涉环消失于其中心，环会变粗，当只剩很少的环时，停止调节。

（4）调节精密测微头，使环消失于其中心，调至白屏中央为一个大亮斑时，停止调节。

（5）调节动镜后面的偏转手钮，使动镜稍许倾斜，则动镜 M_2 的像 $M_2{}'$ 相对于 M_1 是倾斜的，可观察到一些干涉条纹。

（6）继续转动精密测微头，使弯曲的干涉条纹移向中心。逐渐得到一些干涉直条纹，这就是等厚干涉。

5. 观察白光干涉条纹

因为白光的相干长度很短，仅仅有几个微米，因此只有在接近零光程附近才能观察到白光干涉。相比使用激光和钠光，获得白光干涉图样难度比较大。特殊设计的钠钨双灯可以迅速找到零光程位置。

实验步骤如下：

（1）使用激光器调出等厚干涉，产生直条纹。将扩束器移出光路，取下激光器，换上钠钨双灯光源，转动观察屏，使当前观察屏为反射镜。

（2）调节光源的高度，使钠黄光和白光分别照亮视场的上、下两半。确保看到的钠光干涉环对比清晰，条纹间距大。找到钠光的干涉条纹有助于找到零光程点。如果看不见干涉条纹，很可能是换光源时震动太大，光路跑了，这就需要下一步调节。

（3）将一个针孔屏置于钠灯前，这时可以从反射屏中看见两个针孔的像，调节动镜后面的手钮使它们重合。此时可以得到干涉图样。

（4）以极慢的速度旋转精密测微头，并保证在旋转过程中始终能在视场中看到钠的干涉条纹。这样可以快速接近零光程，且不会错过白光干涉。如果没有钠光灯，就很容易错过白光干涉。

（5）当彩色条纹逐渐出现后，可以看到中央暗条纹，这就是零光程处的干涉。

（6）关闭钠灯，只开钨灯，在孔位 2 中插入毛玻璃，可以看到更清晰的白光干涉环。

注意：调出白光干涉的难度较大，如果条纹抖动，可能是因为桌面不是很稳定，请不要把手臂放在桌面上，以免振动；不要来回走动，空气的流动也会影响到条纹。

6. 测量 He‐Ne 激光的波长

波长的测量是迈克尔逊干涉仪的基本应用。当转动精密测微头时，动镜每移动半个波长，干涉环就涌出或消失一个干涉环，即 $\Delta d = \Delta N \lambda/2$，其中 Δd 是动镜移动的距离，ΔN 是干涉环变化的个数。应此我们只要知道 Δd 和 ΔN 就可以计算出波长 λ。

实验步骤如下：

（1）将激光器安装在底座旁边的侧板上，使用白屏作为观察屏。

（2）调出干涉圆环（等倾干涉）。

（3）把精密测微头调到中间读数附近（10～15 mm），调节粗调测微头和动镜后面的手钮，使屏上的干涉环不太密（5～6 个环左右），记下此时的微调测微头的读数 d_0。

（4）缓慢旋转测微螺旋，并数干涉环消失或涌出的数目。数到 50 个环时，记下测微螺旋的读数 d_1。

（5）计算动镜的实际改变量 Δd，考虑到杠杆的放大倍数 40，动镜移动距离为

$$\Delta d = \left| \frac{d_1 - d_0}{40} \right|$$

根据 $\lambda = 2\Delta d/\Delta N$，就可以计算出激光的波长。

(6) 重复测量五次,取平均值。

注意:

① 旋转测微螺旋时,应保证方向一致。

② 测量时使测微螺旋处于读数的中间区域。这时测微头的读数与动镜的移动量之间的关系最接近线性。

③ 回程间隙是改变机械仪器运动方向时发生的细微滑动。在开始计数之前先将测微计转一圈,随后继续按同样方向旋转测微计并计数。这样可以大大消除测微计的回程间隙所引起的误差。

7. 测量钠光的波长

实验步骤如下:

(1) 将钠灯装在底座旁边的侧板上,预热 5 分钟,使用反射镜作为观察屏。

(2) 调出等倾干涉圆环。记下微调测微头的读数 d_0。

(3) 缓慢旋转测微螺旋,并数圆环消失或涌出的数目。数到 50 个环时,记下测微螺旋的读数 d_1。

(4) 考虑到杠杆的放大倍数为 40,动镜的实际移动量 Δd 为 $\Delta d = |(d_1 - d_0)/40|$,钠光的波长为 $\lambda = 2\Delta d/\Delta N$。

(5) 重复测量五次取平均值。

8. 测钠黄双线的波长差

迈克尔逊干涉仪也可用于测量钠黄双线的波长差,钠黄光中含有两个波长相近的单色光:589.0 nm、589.6 nm,因此,在干涉仪动镜的移动过程中,两种黄光产生的干涉条纹叠加的干涉图样会出现清晰→模糊→清晰的周期性变化。钠黄双线的波长差为:$\Delta\lambda = \bar{\lambda}^2/(2\Delta d)$,式中 $\bar{\lambda}$ 是两波长的平均值,可以取上一实验的测量结果,Δd 是干涉图样出现一个清晰→模糊→清晰的变化周期时,平面镜和另一个平面镜的虚像之间空气膜厚度的改变量。

实验步骤如下:

(1) 调节干涉仪,得到清晰、间距大的钠黄双线干涉条纹。慢慢旋转精密测微螺旋,直到所有的环都消失,记下此时的读数 d_0。

注意:请选择适当的测量区域、测量方向。由于钠双黄光的存在,导致当光程差改变时,将交替出现对比度时大时小的现象。因而需慢慢转动预置测微头,选定对比度较高而且干涉圆环疏密合适的区域作为测量区域;选择的测量方向(顺时针或逆时针方向)应保证对比度较高,在此区域内能将所有数据测完。

(2) 继续沿同一方向旋转,直到产生新的干涉图样,并在条纹消失的地方再次记下读数 d_1。

(3) 计算:$\Delta d = |(d_1 - d_0)/40|$,在零光程位置附近不同位置测量几次,获取其平均值,根据公式计算钠黄双线的波长差。

9. 测量空气折射率

在迈克尔逊干涉模式下,如果我们在其中一个光路中放一个气室,然后通过充气改变空气的密度,这束光的光程会改变,干涉环的数目会发生变化。如图 4.43 所示为测量空气折射率实验装置图。光程差 $\delta = 2\Delta nl = N\lambda$,因此 $\Delta n = N\lambda/2l$。其中 l 是气室的长度,λ 是光源的波长,N 是变化的干涉环数。

空气折射率和空气的温度、压强有关,对于理想气体,有:

$$\frac{\rho}{\rho_0} = \frac{n-1}{n_0-1}, \quad \rho = \frac{PT_0}{P_0 T}$$

图 4.43　测量空气折射率装置图

T 是绝对温度,P 为气压,ρ 为空气密度,所以有:

$$\frac{PT_0}{P_0 T} = \frac{n-1}{n_0-1}$$

温度恒定时有:

$$\Delta n = \frac{(n_0-1)T_0}{P_0 T}\Delta P$$

因为 $\Delta n = N\lambda/2l$,所以,

$$\frac{(n_0-1)T_0}{P_0 T}\Delta P = \frac{N\lambda}{2l}$$

故可得空气折射率为

$$n = 1 + \frac{N\lambda}{2l} \times \frac{P}{\Delta P}$$

实验步骤如下:

(1) 将干涉仪调至迈克尔逊干涉模式,使用激光器作为光源。

(2) 调节干涉仪动镜,并在观察屏上得到清晰的等倾干涉图样。如图 4.43 所示。

(3) 将已知长度的气室插入孔位 3,并使它两端的玻璃壁垂直于入射光。

(4) 拧紧气囊上边的气阀,并缓慢向气室充入空气,待读数稳定后记下气压表读数 ΔP。

(5) 慢慢松开气阀,同时数干涉环变化的条数,直到气压表指针指向零,记下变化的环数。

注意:压力过大会损坏气压表,因此充气压力请不要超过 40 kPa(300 mmHg)。

(6) 将两个读数代入公式 $n = 1 + \frac{N\lambda}{2l} \times \frac{P}{\Delta P}$,即可求得空气的折射率。本实验应多次测量后取平均值,以提高精确度。

10. 测量透明介质的折射率

当将一透明薄膜垂直插入迈克尔逊干涉光路中后,随着透明薄膜在光路中旋转,光程将发生改变。光程的改变可通过记录涌出或消失的等倾圆环来得到。光程的变化和旋转角度 θ、薄膜厚度 d 及折射率 n 有一定的关系。

如果透明薄膜的初始位置垂直于入射光路,经过旋转一定的角度 θ,干涉圆环变化数为 N,则透明薄膜的折射率 n 可以由以下公式得到:

$$n = \frac{n_0^2 d\sin^2\theta}{2n_0 d(1-\cos\theta) - N\lambda}$$

式中,λ 为光源的波长(本实验中为 He-Ne 激光器的波长),n_0 是空气的折射率。如果已知透明薄膜的折射率,也可以用该方法求得其厚度。

实验步骤如下：

（1）将激光器、白屏安装在迈克尔逊模式下，并将薄膜夹装在指针的孔位 3 处。

（2）调节动镜后的手钮，在白屏上获得清晰的等倾干涉条纹。

（3）将一已知厚度的透明薄片（可以自己选择材料，但厚度要小于 1 mm）安装在薄片夹上，旋转薄片及指针，使薄片大致垂直于光路。

（4）慢慢旋转指针，同时观察白屏上的干涉图样。当在某一位置，条纹变化很缓慢，不消失也不涌出时，说明此处透明薄片与光路垂直。

（5）调节动镜后的手钮，得到一组清晰的干涉条纹，慢慢旋转指针（至少 $10°$），数圆环在旋转过程中变化的数目。设旋转角度为 θ，出现/消失的圆环数为 N。通过下面的公式可以得出折射率 n：

$$n = \frac{n_0^2 d \sin^2\theta}{2n_0 d(1-\cos\theta) - N\lambda}$$

其中，n_0 为空气的折射率（可采用上一个实验的结果），λ 是 He-Ne 激光在真空中的波长，N 是所数的环数，d 是薄膜的厚度。

（6）重复进行几次测量，取平均值。

实验二　法布里-珀罗干涉仪

　　当一束光通过一双平面平行的平板时，在两平行平面之间发生多次反射，使得干涉条纹细锐明亮，这就是法布里-珀罗干涉仪的基本原理。如图 4.44 所示为法布里-珀罗干涉示意图。

　　在图 4.44 中，高反射镜面 G_1 和 G_2 互相平行，构成了一个反射腔。当单色光以角度 θ 入射到这个反射腔时，透射出这个反射腔的许多组平行光束的光程差有如下关系：

$$\delta = 2nd\cos\theta$$

因此，透射光的强度为

$$I' = I_0 \frac{1}{1 + \frac{4R}{(1-R)^2}\sin^2\frac{\pi\delta}{\lambda}}$$

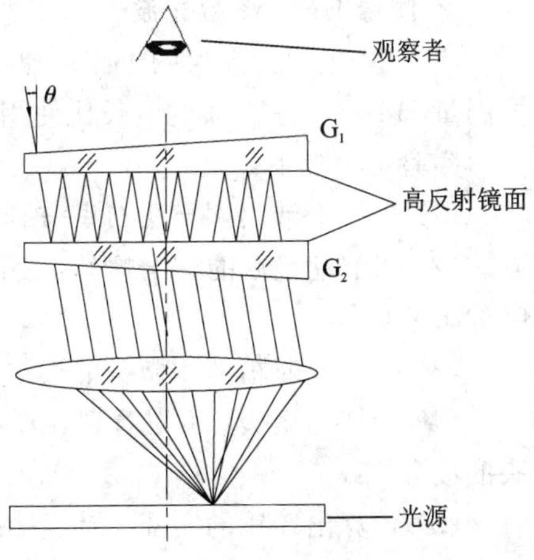

图 4.44　法布里-珀罗干涉示意图

其中，R 是反射率，I' 随 δ 变化，当

$$\delta = m\lambda \quad (m = 0, 1, 2\cdots)$$

时，I' 有最大值，而当

$$\delta = \frac{(2m+1)\lambda}{2} \quad (m = 0, 1, 2\cdots)$$

时，I' 有最小值。

一、实验内容及步骤

1. 观察多光束干涉现象

实验步骤如下：

（1）将干涉仪底座旋转 90°，如图 4.45 所示，使操作者面对动镜。

（2）将定镜取下，移到动镜前的安装孔上。注意安转时要使两镜片镀膜面相对。

（3）调节动镜后面的三个手钮，使动镜和定镜近似平行，镜片之间的距离约为 2 mm。

（4）将分束器和补偿板移开，可以安装在粗调测微头控制的定镜的位置。

（5）装好激光器，调节激光架，使光束打在动镜的中心。调节动镜后面的三个手钮，使光点重合，此时两个镜片近似平行。

图 4.45　多光束干涉装置示意图

（6）将扩束器放入光路中，可以得到面光源。将毛玻璃屏放入光路，此时可以看到一系列明亮细锐的多光束干涉环。

（7）经过更细致的调节，可以做到干涉环不随眼睛的移动发生直径大小的变化，这就表明两个镜面是严格平行了。

（8）当然也可以将延伸架安装在孔位 4 中，并将毛玻璃屏装在其上，同样可以观察到多光束干涉环。

2. 测量 He - Ne 激光波长

法布里-珀罗干涉仪的干涉环比迈克尔逊干涉仪的干涉环更细锐。使用法布里-珀罗模式测量 He - Ne 激光器的波长比使用迈克尔逊模式要精确得多。

实验步骤如下：

（1）先将干涉仪调至法布里-珀罗干涉模式。

（2）调节动镜后的三个螺丝，使两个镜片距离很近（2 mm 左右），并在毛玻璃上得到清晰的干涉环。

（3）记下此时精密测微头的读数。

（4）旋转测微头，可以看到环涌出或消失。数 50 个涌出或消失的圆环，记录此时测微头的读数。

（5）计算出动镜的实际运动量 $\Delta d = \Delta N \lambda / 2$，其中 λ 是光源的波长，ΔN 是数的环数，所以，$\lambda = 2\Delta d / \Delta N$。

（6）重复上述步骤（3）～（5）三次，求得平均值，可以减小误差。

3. 观察钠双线的干涉

本实验采用钠灯作为光源。由于钠灯发出两个波长的光，在毛玻璃屏上会显示出两组不同的同心圆环。转动测微螺旋，可以看到两组干涉环在某个特定位置重合，而在其他位置，两组干涉环是分开的。

实验步骤如下：

（1）在法布里-珀罗干涉模式下，使用钠灯作为光源，打开电源。

（2）仔细转动反射镜后面的旋钮，移动动镜，使其非常靠近 F - P 镜，两者间距约为 1～2 mm。注意不能使两镜面接触。

（3）灯前放一个针孔屏，因两个反射镜之间的多次反射，在屏上会看到一系列的光斑，调节动镜使光斑重合。

（4）拿开针孔屏，仔细调节动镜后面的手钮直到得到清晰的干涉环。为使观察效果更佳，可将毛玻璃屏插于 F-P 镜（定镜）前的插孔中。

（5）缓慢转动精密测微螺旋，观察两组干涉环分开→重合→分开的变化过程。

注意： 转动螺旋时用力要轻，动镜和 F-P 镜不可碰撞，以免损坏。

实验三　泰曼-格林干涉仪

泰曼-格林干涉仪的基本结构与迈克尔逊干涉仪相同，是迈克尔逊干涉仪的一种变形，主要用来测试透镜、棱镜、窗片、平面镜等光学元器件是否存在缺陷。分束器与反射镜的

位置排布与迈克尔逊干涉仪一致。两种干涉之间的轻微区别是：迈克尔逊干涉仪通常是扩展光源，而泰曼-格林干涉仪则总是点光源。将一光学元件如透镜放入光路中，透镜上的不规则缺陷将显示在干涉图样中。特别是球差、彗差和像散会体现在干涉图样中。其光路如图 4.46 所示。

在图 4.46 中，如果样品表面非常平整，返回的波阵面是平面，观察不到干涉图样。相反，如果某一表面不是非常平，由 M_2 反射回分束器的波就不再是平面波。这样来自 M_1 与 M_2 的叠加波的相位差在视场中就不相同，会出现干涉条纹。这些条纹

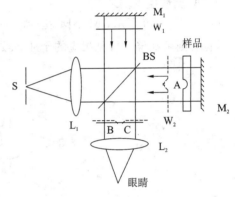

图 4.46　泰曼-格林干涉仪原理示意图

是扭曲了的波前的等高线，所以样品的缺陷会以波前失真的形式显现出来。

一、泰曼-格林干涉仪的原理

泰曼-格林干涉仪一般用平行光检测光学元件，下面是其常见的几个测量模式。

1. 测量平面反射镜

如图 4.47 所示，M_2 是待检测的平面反射镜，M_1 是标准平面反射镜，如果 M_2 有缺陷，则可在屏上看见相应的干涉条纹。

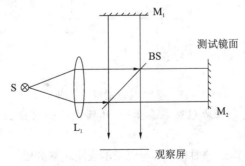

图 4.47　检测平面反射镜示意图

2. 测量透明平板

如图 4.48 所示，M_1、M_2 是标准平面反射镜，将待测平板玻璃放入光路中，如果该平板玻璃有缺陷，则可在屏上看见相应的干涉条纹。

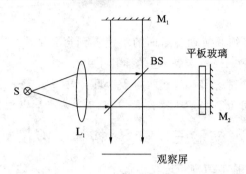

图 4.48　检测透明玻璃板示意图

3. 测量棱镜

如图 4.49 所示，M_1、M_2 是标准平面反射镜，将待测棱镜放入光路中，如果该棱镜有缺陷，则可在屏上看见相应的干涉条纹。

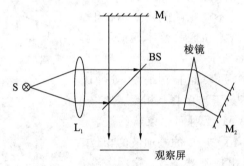

图 4.49　检测棱镜示意图

4. 测量透镜

如图 4.50 所示，M_1 是标准平面反射镜，将待测透镜放入光路中，如果该透镜有缺陷，则可在屏上看见相应的干涉条纹。

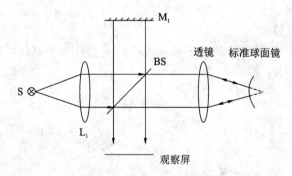

图 4.50　检测透镜示意图

注意：本实验主要是定性地观察在泰曼-格林模式下如何检验光学元件是否存在缺陷。

实验步骤如下：

（1）将干涉仪调整至泰曼-格林模式，与迈克尔逊模式基本相同，使用激光器作为光源。

（2）使用白屏作为观察屏，调整动镜，在观察屏上得到等厚干涉条纹。

（3）将透明薄膜（样品 1 和样品 2）夹在薄片夹具上，然后安装在旋转指针的孔位 3 内。

（4）观察干涉条纹，如果透明薄膜没有缺陷，干涉环就很完美，否则就有相应的扭曲和变形。

第 5 章　教学实验中的创意性实验

在现代光学实验中，往往还夹杂和预示着某些有待发现的规律。因此，实验者不但要知识面宽，素质高，有耐心做实验，能细心发现问题，并能够分析和解决问题，还需具有创意性。创意性专业光学实验是培养学生创新性思维能力以及提高学生自主动手设计能力的重要课程和有效途径。

创意性光学实验的具体任务是：

（1）培养与提高学生科学实验的基本素质，确立正确的科学思想和科学方法。

通过光学实验课的教学，使学生掌握误差分析、数据处理的基本理论和方法，学会常用仪器的调整和使用，了解常用的实验方法，能够对常用光学量进行一般测量，具有初步的实验设计能力。

（2）培养与提高学生的创新思维、创新意识、创新能力。

通过专业光学实验引导学生深入观察实验现象，建立合理的模型，定量研究光学规律；能够运用光学理论对实验现象进行初步的分析判断，逐步学会提出问题、分析问题和解决问题的方法，激发学生创造性思维；能够完成符合规范要求的设计性内容的实验，进行简单的具有研究性或创意性内容的实验。

（3）培养与提高学生的科学素养。

要求学生具有理论联系实际和实事求是的科学作风，严肃认真的工作态度，主动研究的探索精神，遵守纪律、团结协作和爱护公共财产的优良品德。

创意性光学实验是指打破传统光学实验原理，改革传统光学实验方案，简化光学实验器材，优化光学实验效果，具有创新因子的光学实验。创意性光学实验的内涵聚焦在光学实验全新设计、光学实验原理创新、光学实验方案创新、光学实验器材创新和光学实验教学创新五个维度上。光学实验创新要打破常规，发散思维，突出创新，所以没有固定的模式和万能的方法，但是创意性光学实验设计又有其规律性。创意性光学实验是面向本科生的一项科技活动，旨在进一步深化和延续每学期物理实验课程论文工作的成果，促进广大学生在物理实验学习过程中自主探索，刻苦钻研，勇于创新，提高学生的科学研究能力，提倡创新精神。

5.1　光速测量实验

光速是最基本的物理常数之一，光速的精确测定及其特性的研究与近代物理学和实验技术的许多重大问题关系密切。测量光速的方法多达几十种，所有方法都能获得数值相近的光速值。本节采用了两种不同的方法测量光速，便于学生掌握不同的测定光速的基本方法，同时了解相关光学测量技术。

一、实验目的

(1) 理解光拍频波的概念。

(2) 掌握光拍法测量光速的原理。

(3) 了解和掌握光调制的基本原理和技术基础。

(4) 掌握差频法测量光速的相关技术。

二、实验仪器

本实验用到的仪器主要有：光拍测速实验仪器，CG-Ⅲ型光速测量仪，双踪示波器。

三、实验原理

1. 光拍法测速原理

根据振动叠加原理，两列传播方向相同，频率相差很小的简谐波叠加，即形成拍。对于振幅为 E_0，频率分别为 f_1 和 f_2，且沿相同方向传播的两束单色光，有：

$$E_1 = E_0 \cos(\omega_1 t - k_1 x + \varphi_1)$$
$$E_2 = E_0 \cos(\omega_2 t - k_2 x + \varphi_2)$$

$$(5-1)$$

式中，$k_1 = 2\pi/\lambda_1$、$k_2 = 2\pi/\lambda_2$，为波数，φ_1 和 φ_2 分别为两列波在坐标原点的初相位。两列波叠加后为

$$E = E_1 + E_2 = 2E_0 \cos\left[\frac{\omega_1 - \omega_2}{2}\left(t - \frac{x}{c}\right) + \frac{\varphi_1 - \varphi_2}{2}\right]$$
$$\times \cos\left[\frac{\omega_1 + \omega_2}{2}\left(t - \frac{x}{c}\right) + \frac{\varphi_1 - \varphi_2}{2}\right]$$

$$(5-2)$$

当 $f_1 > f_2$，且当 $\Delta f = f_1 - f_2$ 较小时，合成波为沿 x 轴传播的行波，角频率为 $(\omega_1 + \omega_2)/2$，振幅为 $A = 2E_0 \cos\left[\frac{\Delta\omega}{2}\left(t - \frac{x}{c}\right) + \frac{\varphi_1 - \varphi_2}{2}\right]$。由于振幅以频率为 $f = \Delta f/2 = \Delta\omega/4\pi$ 周期性地缓慢变化，因此我们将合成光波称之为光拍频波，Δf 称为拍频，光拍频波的形式和传播如图 5.1 所示。

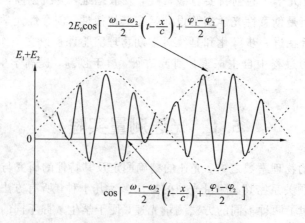

图 5.1　光拍频波示意图

在实验中，用光电检测器接收光信号。光电检测器所产生的光电流与接收到的光强

（即电场强度 E 的平方）成正比，即

$$I = gE^2 \tag{5-3}$$

式中，g 为光电转换系数。由于光的频率极高（$f_0 > 10^{14}$ Hz），而一般光学器件仅能对 10^8 Hz 以下的光强变化作出回应，实际得到的光电流 I_c 近似为光拍频波场强中缓变项对光电检测响应时间 $\tau\left(\dfrac{1}{f_0} < \tau < \dfrac{1}{\Delta f}\right)$ 的平均值：

$$I_c = \frac{1}{\tau} \int_{\tau} I \mathrm{d}t = 2g_0 E_0^2 \left\{ 1 + \cos\left[(\omega_1 - \omega_2)\left(t - \frac{x}{c}\right) + (\varphi_1 - \varphi_2) \right] \right\} \tag{5-4}$$

由此可见，光电检测器输出的光电流包含有直流和光拍频波两部分。滤去直流成分，即得到频率为 $\Delta f = \dfrac{1}{2\pi}(\omega_1 - \omega_2)$，初相位为 $(\varphi_1 - \varphi_2)$，相位和空间位置有关的简谐拍频的光信号。

图 5.2 所示为拍频光拍信号 I_c 在某一时刻的空间分布。由图可知，在某一时刻 t，位于不同空间位置的光电检测器，将输出不同位相的光电流，因此，用比较相位的方法可以间接测定光速。

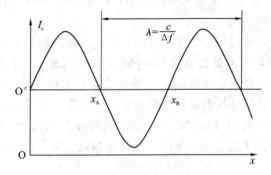

图 5.2　光拍频波的空间分布

假设在测量线上有两点 x_A 和 x_B，在某一时刻 t，当 x_A 和 x_B 之间的距离等于光拍频率的波长 λ 的整数倍时，该两点的位相差为

$$(\omega_1 - \omega_2) \frac{x_A - x_B}{c} = 2n\pi, \quad n = 1, 2, 3, \cdots \tag{5-5}$$

考虑到 $\omega_1 - \omega_2 = 2\pi \Delta f$，从而有

$$x_A - x_B = n \frac{c}{\Delta f}, \quad n = 1, 2, 3, \cdots \tag{5-6}$$

当相邻的两个相点之间的距离 $(x_A - x_B)$ 等于光拍波长 λ，即当 $n = 1$ 时，由上式可得

$$x_A - x_B = \lambda = \frac{c}{\Delta f} \tag{5-7}$$

式（5-7）说明，只要在实验中测出 Δf 和 λ，就可以间接确定光速 c。

光拍频波要求相拍的两束光有固定的频率差。本实验通过声光效应使 He-Ne 激光器的 632.8 nm 谱线产生固定频差。

利用声光相互作用产生频移的方法有两种，一种是行波法，一种是驻波法。在本实验中我们采用的是驻波法，实验原理如图 5.3 所示。它是使声光介质的厚度为超声波半波长的整数倍，使超声波发生反射，在声光介质中出现驻波场，其结果使入射激光产生多级对

称衍射，第 L 级的衍射光角频率为

$$\omega_{Lm} = \omega_0 + (L + 2m)\Omega \tag{5-8}$$

式中，L、$m = \pm 1, \pm 2, \pm 3, \cdots$；$\Omega$ 为信号输出频率。

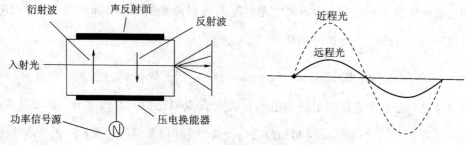

图 5.3　驻波法　　　　　　　图 5.4　二光拍信号波形的比较

实验中通过实验装置获得两束光拍频波信号（远程光和近程光），在示波器上对两光拍频波信号的相位进行比较，当其相位差为 2π 时，示波器荧光屏上的二正弦波形就会完全重合，如图 5.4 所示，此时，光程差等于拍频波的波长，即 $L = \lambda$，代入公式 $c = \Delta f \cdot \lambda = 2\Omega \cdot L$，即可求得光速 c。Ω 为高频信号发生器的输出频率，可由数字频率计测得。

2. 差频法测光速

在实际位相测量中，被测信号频率较高时，测相系统的稳定性、工作速度以及高频寄生效应造成的附加相移等因素都会直接影响测相精度。因此，为了测量高频被测信号的相位差，首先需设法降低其频率。差频法是一种将高频信号降为中、低频信号的有效方法，它简单易行，且差频前后信号具有相同的位相差。下面简单证明这一点。

将两频率不同的正弦波信号同时输入一个非线性元件（如二极管、三极管等）时，其输出端包含有这两个信号的差频成分。非线性元件对输入信号 x 的响应可表示为

$$y(x) = A_0 + A_1 x + A_2 x^2 + \cdots \tag{5-9}$$

忽略上式中的高次项（大于等于三次项），可得二次项的混频效应。

设基准高频信号和被测高频信号分别为

$$u_1 = U_{10}\cos(\omega t + \varphi_0) \tag{5-10}$$

$$u_2 = U_{20}\cos(\omega t + \varphi_0 + \varphi) \tag{5-11}$$

现在引入一个本振高频信号：

$$u' = U_0'\cos(\omega' t + \varphi_0') \tag{5-12}$$

式中，φ_0 为基准高频信号初相位，φ_0' 为本振高频信号初相位，φ 为调制波在测试线上往返一次产生的相移量。将式（5-11）和式（5-12）代入式（5-9）（略去高次项），有

$$y(u_2 + u') = A_0 + A_1 u_2 + A_1 u' + A_2 u_2^2 + A_2 u'^2 \tag{5-13}$$

展开交叉项

$$
\begin{aligned}
2A_1 u_2 u' &= 2A_2 U_{20} U_0'\cos(\omega t + \varphi_0 + \varphi)\cos(\omega' t + \varphi') \\
&= 2A_2 U_{20} U_0'\{\cos[(\omega + \omega')t + (\varphi_0 + \varphi_0') + \varphi] \\
&\quad + \cos[(\omega - \omega')t + (\varphi_0 - \varphi_0') + \varphi]\}
\end{aligned} \tag{5-14}
$$

进行同样的推导，基准高频信号与本振信号 u' 混频，其差频项为

$$A_2 U_{10} U_0'\cos[(\omega - \omega')t + (\varphi_0 - \varphi_0')] \tag{5-15}$$

由式（5-14）和式（5-15）可见，当基准信号、被测信号分别与本振信号混频后，所得的两

个差频信号之间的相位仍保持为 φ。

　　本实验就是利用差频检相的方法,实验工作原理如图 5.5 所示,由主控振荡器产生的 100 MHz 调制信号经高频放大器放大后,一路用以驱动光源调制器,使光学发射系统发射经调制的光波信号;另一路与本机振荡器产生 99.545 MHz 本振信号经混频器 1 混频,得到频率为 455 kHz 的差频基准信号 y_1。调制光波信号在其传播方向上经反射器(该反射器可在刻有标尺的导轨上移动)反射,被光学接收系统接收。经光电转换和放大后,与本振信号经混频器 2 混频,同样得到频率为 455 kHz 的差频被测信号 y_2。将基准信号 y_1 和被测信号 y_2 输入相位差仪,当反射器移动 Δx,则被测信号的光程改变 $2\Delta x$,基准信号和被测信号的位相差改变为

$$\Delta\varphi = \frac{2\pi}{\lambda_t} \cdot 2\Delta x \tag{5-16}$$

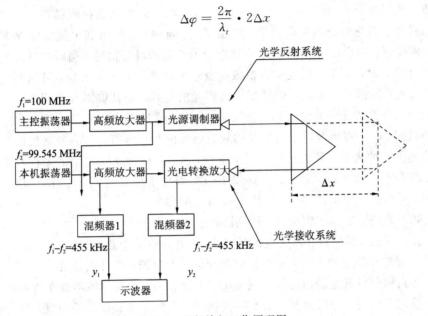

图 5.5　差频检相工作原理图

　　实验中用数字式示波器作为相位差仪,当反射器移动 Δx 时,在示波器上可观察信号波形的移动。读出移动的距离 Δt,就可求得反射器移动 Δx 引起的基准信号和被测信号的位相改变为

$$\Delta\varphi = \frac{\Delta t}{T} \cdot 2\pi \tag{5-17}$$

其中,T 为被测信号周期(1/455 kHz),也可在示波器上读得。因此联立式(5-16)和式(5-17),可得调制波波长为

$$\lambda_t = \frac{T}{\Delta t} \cdot 2\Delta x \tag{5-18}$$

再将其代入光速计算公式,即可求得光速。

四、实验内容及步骤

1. 光拍法测光速

　　采用 CG-Ⅲ型光速测量仪。实验中还配备了 30 MHz 以上示波器及数字频率计各一台。实验装置如图 5.6 所示。

图 5.6　CG-Ⅲ型光速测量仪实验装置图

　　光源采用氦氖激光器，为提高信噪比，采用声光表面滤波器抑制噪声。光拍频信号进入光电二极管后转化为光拍频电信号，经混频、选频放大，输出到示波器的 Y 输入端。与此同时，将高频信号源的另一路输出信号作为示波器的触发信号。当斩波器高速旋转挡住近程光和远程光时，由于人的视觉暂留效应及示波器光屏的余辉效应，可以同时显示出近程光、远程光和零信号的波形。通过改变远程光的光程，使其波形与近程光波形重合。此时远程光与近程光的光程差即为拍频波长 λ。实验中通过实验装置获得两束光拍频波信号（远程光和近程光），在示波器上对两光拍频波信号的相位进行比较，当其相位差为 2π 时，示波器荧光屏上的两个正弦波形就会完全重合，如图 5.4 所示，此时，光程差等于拍频波的波长，即 $L=\lambda$，代入公式 $c=\Delta f \cdot \lambda=2\Omega \cdot L$，即可求得光速 c。Ω 为高频信号发生器的输出频率，可由数字频率计测得。具体步骤如下：

　　（1）调节光速测定仪底脚螺丝，使仪器处于水平状态。

　　（2）正确连接线路，打开激光电源预热 15 分钟，使激光器的输出功率达到稳定状态，然后接通仪器的稳压电源开关，检查斩波器和信号发生器能否正常工作。

　　（3）将高频信号发生器输出频率调至 15 MHz 左右，并使示波器处于外触发状态。

　　（4）粗调光栅与光路反射镜中心至等高状态，调整光栅及反射镜角度，使＋1 级或－1级衍射光通过光栅后依次投射到各级反射镜的中心点。

　　（5）关闭斩波器电源，用斩波器切断近程光，逐级细调远程光路，使远程光射入光电二极管，在示波器上出现远程光束的正弦波形。

　　（6）手动调节斩波器使近程光通过光电二极管前的透镜中心，射入光电二极管。在示波器荧光屏幕上出现近程光束的正弦波形，应使近程光与远程光在同一点射入光电二极管，否则会引入附加的位相差。

　　（7）打开斩波器电源，示波器荧光屏上将出现远程光束和近程光束产生的两个正弦波形。调节光电二极管前的透镜，改变进入检测器光敏面的光强大小，使远程光束和近程光束的幅值相等；调节信号发生器输出频率，使其频率接近声光转换器的中心频率，达到最大波幅。

　　（8）缓慢移动光速仪上的滑动平台，改变远程光束的光程，使示波器中两束光的正弦波束完全重合。

　　（9）测出远程光和近程光的光程差值 L，并从数字频率计读出高频信号发生器的输出频率 Ω，代入公式求得光速 c。反复进行多次测量，并记录测量数据。

　　（10）数据处理。将实验数据填入自制实验数据表中，根据表中数据计算出光在空气中的速度。

此时，测出的光速是光在空气中的速度，若要计算真空中的光速，应乘以空气的折射率。空气的折射率由下式确定：

$$n - 1 = \frac{n_g - 1}{1 + at} \cdot \frac{P}{P_0} - \frac{be}{1 + at} \qquad (5-19)$$

式中，n 是空气折射率，t 是室温($\mathrm{℃}$)，P 是气压(T)，e 是水蒸气压(T)，$a = (1/273)\mathrm{℃}$，$P_0 = 760\ T$，$b = 5.5 \times 10^{-8}\ T^{-1}$，$n_g$ 是标准大气条件($t = 0\mathrm{℃}$，$P = P_0$，$e = 0$，CO_2 含量为 0.03%)下的群速度折射率。n_g 由下式确定：

$$n_g - 1 = A + \frac{3}{\lambda^2}B + \frac{5}{\lambda^4}C \qquad (5-20)$$

其中，$A = 2876.04 \times 10^{-7}$，$B = 16.288 \times 10^{-7}\ \mu m^2$，$C = 0.136 \times 10^{-7}\ \mu m^4$，$\lambda$ 为载波波长，单位为 μm。对于氦氖激光器，$\lambda = 632.8$ nm。

2. 差频法测光速

(1) 预热。电子仪器都有一个温漂问题，光速仪和频率计须预热半小时再进行测量。在这期间可以进行线路连接、光路调整、示波器调整和定标等工作。

(2) 光路调整。先把棱镜小车移近收发透镜处，用一小纸片挡在接收物镜管前，观察光斑位置是否居中(处于照准位置)。调节棱镜小车上的左右转动及俯仰旋钮，使光斑尽可能居中，再将小车移至最远端，观察光斑位置有无变化，并作相应调整，使小车前后移动时，光斑位置变化最小。

(3) 示波器定标。按前述的示波器测相位的方法将示波器调整至有一个适合的测相波形，要求尽可能地调出一个周期的波形。

(4) 测量光速。由频率、波长乘积来测定光速的原理和方法前面已经作了说明。在实际测量时主要任务是如何测得调制波的波长，其测量精度决定了光速值的测量精度。一般可采用"等距离"测量法和"等相位"测量法来测量调制波的波长。在测量时要注意两点，一是实验值要取多次多点测量的平均值；二是我们所测得的是光在大气中的传播速度，为了得到光在真空中的传播速度，要精密地测定空气折射率后再作相应修正。

① 测调制频率。为了匹配好，尽量用频率计附带的高频电缆线。调制波是用温补晶体振荡器产生的，频率稳定度很容易达到 10^6 Hz，所以在预热后正式测量前测一次就可以了。

② "等距离"法测波长。在导轨上任取若干个等间隔点，如图 5.7 所示，坐标分别为 x_0，x_1，x_2，x_3…；$x_1 - x_0 = D_1$，$x_2 - x_0 = D_2$，…，$x_i - x_0 = D_i$，移动棱镜小车，由示波器依次读取与距离 D_1、D_2… 相对应的相移量 φ_i，则 D_i 与 φ_i 间有 $\frac{\varphi_i}{2\pi} = \frac{2D_i}{\lambda}$，即

$$\lambda = \frac{2\pi}{\varphi_i} \times 2D_i \qquad (5-21)$$

求得波长 λ 后，利用光速计算公式即可得到光速 c。

也可用作图法，以 φ 为横坐标，D 为纵坐标，作 D-φ 的直线，则该直线斜率的 $4\pi f$ 倍即为光速 c。

为了减小由于电路系统附加相移量的变化给相位测量带来的误差，同样应采取 $x_0 \rightarrow x_1 \rightarrow x_0$ 及 $x_0 \rightarrow x_2 \rightarrow x_0$ 等顺序进行测量。

操作时移动棱镜小车要快、准，如果两次在 x_0 位置时的计数值相差 $0.1°$ 以上，必须重测。

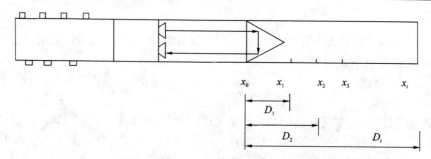

图 5.7　相移量与反射镜距离之间的关系测定

（5）数据处理。选取不同 x_i 间隔测量调制波长，并将实验数据填入自制实验数据表中。根据表中数据计算出光速以及相对误差。

五、问题讨论

（1）光拍法测光速实验中存在哪些因素造成实验误差？试进行分析。

（2）差频法测光速实验测量数据与选取间隔有关，试详细分析。

5.2　光纤光学与半导体激光器的电光特性实验

光纤通信对现在的通信行业有着非比寻常的意义，随着社会信息化的发展，光纤以其诸多优点被大量使用于各个行业与各个领域，研究光纤对现代信息化的延伸和进步有着重要意义。本实验主要是针对光纤特性以及半导体电光特性进行了解与探究，首先需要了解各实验仪器的具体用途及其所对应的原理，加上一些理论的分析迅速理解实验过程与步骤，得出结论，进而分析误差，做出改进。

一、实验目的

（1）了解半导体激光器的电光特性和测量阀值电流。

（2）了解光纤的结构和分类以及光在光纤中传输的基本规律。

（3）掌握光纤数值孔径的概念。

（4）对光纤本身的光学特性进行初步的研究。

二、实验仪器

本实验所用到的仪器包括：GX - 1000 光纤实验仪，导轨，半导体激光器，二维调整架，三维光纤调整架，光纤夹，光纤，光探头，激光功率指示计，专用光纤钳，光纤刀，示波器，音源等。

三、实验原理

1. 半导体激光器的电光特性

半导体激光器在现代光电技术中广泛用于光纤通信、光信息处理、光载通信、激光测距，激光模拟打靶等领域。随着现代化技术的不断发展，半导体激光器的应用范围和应用场合越来越广。半导体激光器以其体积小、重量轻、效率高和成本低的诸多优点迅速进入社会活动的很多领域,在激光制导武器、航天等各个行业被广泛应用,所以研究和掌握其特性就尤为重要。本实验对半导体激光器进行一些基本的实验研究,以使学生掌握半导体激光器的一些基本特性和使用方法。

半导体激光器主要光电特性有:光功率-电流特性(从阀值电流和光功率的变化情况可以得出)、远场特性(从远场分布曲线上可获得激光光束空间发散角的改变情况)、光谱特性(从光谱曲线上我们可以观察到激光波长和发射光谱峰值及光谱半峰宽度的变化情况)。

半导体激光器存在阀值电流 I_0。当半导体激光器的电流 $I < I_0$ 时,输出功率很小,此时一般认为激光器产生输出的不是激光;只有当 $I > I_0$ 时,使半导体增益系数大于阀值时,产生输出的才为激光。功率 P 与电流 I 的关系如图 5.8 所示,当 $I > I_0$ 时,激光输出功率 P 急剧增大。因此,实验测量时电流 I 不宜过大,尽量保持在阀值电流 I_0 附近,此时光功率对电流变化的灵敏度较高。

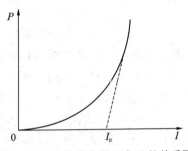

图 5.8　半导体激光器 P 与 I 的关系图

2. 光纤的结构分类

如图 5.9 所示,一般裸光纤是具有纤芯、包层及涂覆层(保护层)的三层结构;纤芯的折射率 n_1 比包层的折射率 n_2 稍大,这样利用全反射的原理把光约束在界面内并沿着光纤轴线传播。当入射光波在纤芯和包层界面满足全反射条件时,光波就能沿着纤芯向前传播。实际应用中的光纤在包层外面有一层涂覆层,以保护光纤免受环境污染和机械损伤。按所传播的模式数量,光纤可分为单模光纤和多模光纤。单模光纤较细且只允许一种传输方式(传播模式),多模光纤较粗,允许多种传输方式。它们的主要差别是纤芯的尺寸、纤芯与包层的折射率差值。纤芯主要由石英玻璃外加少量其他增加折射率的元素组成,单模光纤直径约为 $9.2~\mu m$,多模光纤一般为 $50~\mu m$。包层只由石英玻璃构成,折射率比纤芯略低,直径约为 $125~\mu m$。涂覆层主要是为了增加光纤的强度和抗弯性,目的是为了保护光纤,直径约为 $245~\mu m$。

按纤芯径向介质折射率分布的不同可以将光纤分为均匀和非均匀两类。均匀光纤的纤芯与包层介质的折射率分别呈均匀分布,在分界面处折射率有一突变,故称阶跃型光纤;非均匀光纤纤芯的折射率延径向呈梯形分布,而包层的折射率为均匀分布。

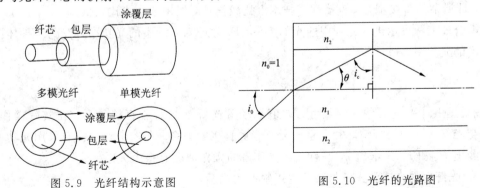

图 5.9　光纤结构示意图　　　　　　　　图 5.10　光纤的光路图

3. 光纤的数值孔径

如图 5.10 所示,由于全反射临界角 i_c 的限制,光纤对自其端面外侧入射的光束相应地存在着一个最大的入射孔径角，如图 5.10 假设光纤端面外侧介质的折射率为 n_0，自端面外侧以 i_0 角入射的光线进入光纤后，其到达纤芯与包层分界面处的入射角刚好等于临界角 i_c。那么当端面外侧光线的入射角大于 i_0 时，进入光纤时将不满足全反射条件。因此，i_0 就是能够进入光纤且形成稳定光传输的入射光束的最大孔径角。可以证明，对于阶跃型光纤，有：

$$i_0 = \arcsin\left[\frac{\sqrt{n_1^2 - n_2^2}}{n_0}\right] \tag{5-22}$$

一般用光纤端面外侧介质折射率与最大孔径角正弦的乘积 $n_0 \sin i_0$ 表征允许进入光纤纤芯且能够稳定传输的光线的最大入射角范围，称为光纤的数值孔径。数值孔径是衡量一根光纤可接收光功率大小的一个重要参数，数值孔径越大，表示光纤接收入射光线的能力越强，即从光源到光纤之间的耦合损失越小，这意味着传输距离的延长。但是数值孔径越大，光纤中传播的模式多，光纤的传输带宽会降低，这对大容量长距离通信是很不利的。所以设计光纤通信系统时，应该兼顾损耗和带宽的要求，选择适当的数值孔径。如果系统受功率限制，就采取较大的数值孔径；反之，如果系统受带宽的限制，就应采取较小的数值孔径。对于阶跃型光纤，数值孔径 NA 可用下式表示

$$\mathrm{NA} = n_0 \sin i_0 = \sqrt{n_1^2 - n_2^2} \tag{5-23}$$

4. 模式与光纤耦合及其耦合效率

根据光的波导理论，光在光纤中传播可由麦克斯韦方程组描述，在特定的边界条件下麦克斯韦方程可求出一些特定的解，这些解代表一些可在光纤中长期传输的光束，这些光束或解被我们称为模式。例如，对于波长为 1310 nm 或 1550 nm 的光波，当纤芯小于 10 μm 时，我们所使用的光线中只有一个基模可以稳定传输。它沿径向的光强分布为高斯分布，这种光纤被我们称为单模光纤。光纤的模式除了与本身参数、直径有关之外，还与波长有关。在我们的实验中采用的就是单模光纤，但是入射光波长是 650 nm 的可见激光，因此此时光纤中的耦合模式将不是单模，而是一个简单的多模（梅花状），各模式间可能有不同的传输路径和偏振态。不同的传输路径将导致光信号的脉冲展宽（色散）。

光纤的耦合是指将激光从光纤端面输入光纤，以使激光可沿光纤进行传输。一般来说，将激光的不对称发射光束与圆对称的光纤进行最优耦合，需要在光纤和光源之间插入透镜，即所谓的直接耦合。直接耦合技术上比较简单，但耦合效率比较低。

耦合效率 η 表示进入光纤中的光的多少，P_1 为进入光纤中的光功率，P_0 为半导体激光器输出的光功率，则

$$\eta = \frac{P_1}{P_0} \times 100\% \tag{5-24}$$

η 在理论上与光纤的几何尺寸、数值孔径等光纤参数有着直接关系，在实际操作中，它还与光纤端面的处理情况和调整情况有着更直接的关系。在本实验中我们采用光功率计直接测出 P_1 和 P_0 来求出 η，并且其与操作者的操作情况有很大关系。

5. 光纤中的光速和光纤材料平均折射率的测量

由于光在透光介质中的传播速度反比于介质的折射率：

$$c_n = kn^{-1} \tag{5-25}$$

因此可以断定光在光纤中的传播速度小于在空气中的传播速度。本实验通过测量一串光脉冲信号在一定长度光纤中的传播时间，来求光在光纤中的速度。光通过光纤的延迟时间为 T_0，光纤长度为 L，光在光纤中的速度为 c_n，则

$$c_n = \frac{L}{T_0} \qquad\qquad (5-26)$$

再由 $\dfrac{c_n}{c_0} = \dfrac{n_0}{n}$ 求出光纤的平均折射率，即

$$n = \frac{c_0 \times n_0}{c_n}(C_o \text{ 为真空中光速}) \qquad\qquad (5-27)$$

6. 光纤通信

光纤通信具有诸多优点：容量大，频带广，损耗低，传输距离远，不受电磁场干扰等，因此光纤通信已经成为现在社会最主要的通信手段之一。

如图 5.11 所示，光纤通信的大致过程是：将要传输的信息加载到载波上，经发送机处理后，载有信息的光波被耦合到光纤中，经光纤传输到达接收机，接收机将收到的信号处理后，还原成原来发送的信息。本实验将观察通过光纤传输声音信号的整个过程。

从音频信号源发出的信号，在示波器上观察是一串幅度、频率随声音变化的近似正弦波信号。该信号经调制电路调制后加载在一个方波上，对方波的脉冲宽度进行了调制，并以此信号驱动半导体激光器，使激光器发出一连串经声音信号调制的光脉冲。该光脉冲进入光纤后经过光纤的传输，从光纤出光端输出，被光电二极管接收，还原成电信号。该电信号经功率放大后驱动扬声器，就可以听到声音了。

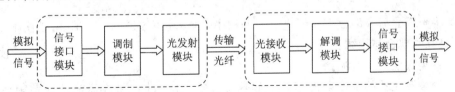

图 5.11　光纤通信过程框图

目前，中国已经形成了较完整的光纤通信产业体系，涵盖了光纤光缆、光传输设备、光器件、光模块等领域，受移动互联网、三网融合等新型应用对于带宽需求的推动，中国光通信市场开始进入高速成长期。

未来的高速通信网将是全光网。全光网是光纤通信技术发展的最高阶段，也是理想阶段。传统的光网络实现了节点间的全光化，但在网络结点处仍采用电器件，限制了目前通信网干线总容量的进一步提高，因此真正的全光网已成为一个非常重要的课题。建立纯粹的全光网络，消除电光瓶颈已成为未来光通信发展的必然趋势，是未来信息网络的核心，也是通信技术发展的最高级别，更是理想级别。

四、实验内容和步骤

1. 了解半导体激光器的电光特性

(1) 实验装置如图 5.12 所示，首先将实验仪功能旋钮置于"直流"挡。

(2) 打开实验仪电源，将电流调节旋钮顺时针旋到最大。

图 5.12　实验装置图

（3）调整激光器的激光指向，使功率指示计的显示值达到最大。然后逐步减小激光器的驱动电流，记录下电流值和相应的光功率。

（4）画出电流—功率曲线，该曲线即为半导体激光器的电光特性曲线。曲线斜率急剧变化处所对应的电流就是阀值电流。

2. 光纤断面处理和夹持

（1）用光纤剥皮钳剥去光纤两端的涂层，剥去的长度约为 10 mm。

（2）在 2～5 mm 处用光纤刀刻划一下。

（3）在刻划处轻轻弯曲纤芯，使之断裂。注意不要触摸处理过的光纤端面。

（4）将光纤的另一端小心地放入光纤夹中，伸出约 10 mm，将光纤放入三维光纤架中，锁紧。

（5）将光纤的另一端放入光纤座上的刻槽中，伸出长度约为 10 mm，用磁铁压住。

3. 光纤的耦合与模式变化

（1）将实验仪置于直流挡。

（2）调整激光器的工作电流，使激光不太明亮，用一张白纸在激光器面前前后移动，确定激光焦点的位置。

（3）通过移动光纤调整架和调整 Z 轴旋钮，使光纤端面尽量逼近焦点。

（4）将激光器工作电流调至最大，仔细调节各调整螺钉，使激光照亮光纤端面并耦合进光纤。

（5）用功率指示计检测输出光强的变化，反复调整螺钉，直到光纤输出功率最大为止。记下该功率值。

（6）取下功率指示计探头，换上白屏，轻轻转动各耦合调整旋钮，观察光斑形状变化（模式变化）。

（7）弯曲光纤，观察光斑形状变化（模式变化）。

4. 光纤中的光速和光纤材料平均折射率的测量

（1）将激光耦合进光纤，并使输出达到最大；用光探头取代原来的功率指示计探头；用信号线将实验仪发射模块中输出波形插座与双踪示波器的 CH1 通道相连；用信号线将实验仪接收模块中的输入波形与示波器的 CH1 通道相连；示波器触发打到 CH1，显示键置于双踪；将实验仪功能键置于"脉冲频率"挡，电流置于最大。

（2）打开示波器电源，CH1 端的电压旋钮置于"2 V/Div"，时间周期旋钮置于

"10 μs/Div"，旋转"脉冲频率"旋钮，在示波器上应可以看到一定频率的方波。

（3）调整实验仪上的"脉冲频率"旋钮，使脉冲频率约为 50 kHz。

（4）将 CH2 的电压旋钮也置于"2V/Div"，观察 CH2 上的波形，同时调整光探头的位置和光纤输出端面之间的距离，使 CH2 的波形尽量为矩形波。

（5）"扫描频率"置于"1 μs/Div"，仔细调整频率旋钮，使示波器 CH1 通道上只显示约一个半周期的波形。

（6）再仔细调整光探头的前后位置，使从光纤中发出的光全部进入光探头，将探头的连线与激光功率指示计相连接，记下此时的光强相对值。

（7）从功率指示计上取下光探头，连接到主机接收模块的输入插座上。观察示波器上两个通道的波形。记录下 CH1 通道下降沿与 CH2 通道下降沿之间的时间差，此即发射信号与接收信号的延迟。

（8）取下光纤调整架，直接将光探头置于激光头前，将探头与功率指示计相连，观察指示计上光强大小。前后移动探头，改变进入探头的光的多少，使功率指示计的显示值与步骤（6）中的光强值相同。

（9）将光探头连线重新接入主机接收模块的输入插座，观察示波器上的两个通道的波形，记录 CH1 下降沿与 CH2 下降沿之间的时间差。

（10）将（7）与（9）步骤中的时间延迟相比较，两个时间延迟的差即为光在光纤中的传输时间。

5. 模拟（音频）信号的调制、传输和解调还原

（1）将激光耦合进光纤。

（2）将实验仪的功能挡置于"音频调制"挡。

（3）将示波器的 CH1 和 CH2 通道分别与光纤实验仪的"输出波形"和"输入波形"相连接。

（4）将示波器"扫描频率"挡置于"10 μs/Div"，示波器显示应为近似的稳定矩形波。

（5）从光纤实验仪"音频输入"端加入音频模拟信号，观察示波器上的矩形波的前后沿动。

（6）打开实验仪后面板上的喇叭开关，可听到音频信号源中的声音信号。

（7）可分别观察实验仪发射模块调制前后的波形和接收模块解调前后的波形。

（8）注意喇叭平时应关闭，以免产生不必要的噪声。

6. 数据处理

（1）将实验数据填入自制的半导体光电特性测量实验数据表中。

（2）根据表中数据作出半导体激光器的电流与功率关系图。

（3）根据测得的数据计算光纤的耦合模式和耦合效率以及光纤中的光速和光纤材料平均折射率。

五、问题讨论

（1）在远距离光纤传输时，为什么一般采用单模光纤？

（2）分析本实验光纤传输声音信号的整个过程。

5.3　空间光调制器研究实验

空间光调制器(SLM)是一类能将信息加载于一维或两维的光学数据场上，以便有效地利用光的固有速度、并行性和互连能力的器件。这类器件可在随时间变化的电驱动信号或其他信号的控制下，改变空间上光分布的振幅或强度、相位、偏振态以及波长，或者把非相干光转换成相干光。由于它的这种性质，可作为实时光学信息处理、光计算等系统中的构造单元或关键的器件。空间光调制器是实时光学信息处理，自适应光学和光计算等现代光学领域的关键器件，很大程度上，空间光调制器的性能决定了这些领域的实用价值和发展前景。

空间光调制器一般按照光的读出方式不同，可以分为反射式和透射式；而按照输入控制信号的方式不同又可分为光寻址(OA - SLM)和电寻址(EA - SLM)。最常见的空间光调制器是液晶空间光调制器，应用光—光直接转换，效率高，能耗低，速度快，质量好，可广泛应用到光计算、模式识别、信息处理、图像显示等领域，具有广阔的应用前景。

实验一　SLM液晶取向测量实验

一、实验目的

(1) 了解空间光调制器的基础知识。

(2) 理解空间光调制器的透光原理。

(3) 测量空间光调制器的前后表面液晶分子取向，计算液晶扭曲角。

二、实验仪器

本实验所用仪器有：线偏振氦氖激光器，半波片，空间光调制器，偏振片，功率计等。

三、实验原理

根据液晶分子的空间排列不同，可将液晶分为向列型、近晶型、胆甾型三类。其中扭曲向列液晶(Twisted Nematic Liquld Crystal，TNLC)是液晶屏的主要材料之一，它是一种各向异性的媒质，可以看作同轴晶体，它的光轴与液晶分子的长轴平行。TNLC分子自然状态下扭曲排列，在电场作用下会沿电场方向倾斜，倾斜过程中对空间光的强度和相位都会产生调制。

想定量分析液晶屏对光的调制特性，需要将调制过程用数学方法来模拟，液晶盒里的扭曲向列液晶可沿光的透过方向分层，每一层可看作是单轴晶体，它的光学轴与液晶分子的取向平行。由于分子的扭曲结构，分子在各层间按螺旋方式逐渐旋转，各层单轴晶体的光学轴沿光的传输方向也螺旋式旋转。如图5.13所示。

在空间光调制器液晶屏的使用中，光线依次通过起偏器 P_1、液晶分子、检偏器 P_2，如图5.14所示。光路中要求偏振片和液晶屏表面都在 $x-y$ 平面上，图中已经分别标出了液晶屏前后表面分子的取向，两者相差90°。偏振片角度的定义是，逆着光的方向看，ϕ_1 为液晶屏前表面分子的方向顺时针到 P_1 偏振方向的角度，ϕ_2 为液晶屏后表面分子的方向逆时针到 P_2 偏振方向的角度。偏振光沿 z 轴传输，各层分子可以看作具有相同性质的单轴晶

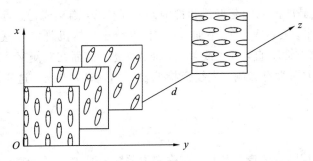

图 5.13　TNLC 分层模型

体，它的 Jones 矩阵表达式与液晶分子的寻常折射率 n_o 和非常折射率 n_e，以及液晶盒的厚度 d 和扭曲角 α 有关。除此之外，Jones 矩阵还与两个偏振片的转角 ϕ_1、ϕ_2 有关。因此光波强度和相位的信息可简单表示为 $T = T(\beta, \phi_1, \phi_2)$；$\delta = \delta(\beta, \phi_1, \phi_2)$，其中 $\beta = \pi d [n_e(\theta) - n_o]/\lambda$，又称为双折射，它其实为隐含电场的量，因为 β 为非常折射率 n_e 的函数，非常折射率 n_e 随液晶分子的倾角 θ 改变，θ 又随外加电压而变化。

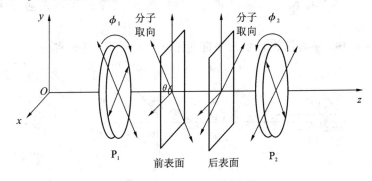

图 5.14　SLM 光路示意图

目前主流的液晶显示器组成比较复杂，它主要是由荧光管、导光板、偏光板、滤光板、玻璃基板、配向膜、液晶材料、薄膜式晶体管等构成。作为空间光调制器来使用时，通常只保留液晶材料和偏振片。液晶被夹在两个偏振片之间，就能实现显示功能，光线入射进来的称为起偏器，光线出射出去的称为检偏器。实验时通常将这两个偏振片从液晶屏中分离出来，取而代之的是可旋转的偏振片，这样方便调节角度。在不加电压和加电压的情况下液晶屏的透光原理如图 5.15 所示。

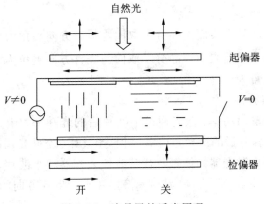

图 5.15　液晶屏的透光原理

图 5.15 中，液晶屏两侧的起偏器和检偏器相互平行，自然光透过起偏器后变为线偏振光，偏振方向为水平。右侧 $V=0$，不加电压，液晶分子自然扭曲 90°，透过光的偏振方向也旋转 90°，与检偏器方向垂直，无光线射出，即为关态。然而在左侧 $V\neq0$，分子沿电场方向排列，对光的偏振方向没有影响，光线经检偏器射出，即为开态。这样即实现了通过电压控制光线通过的功能。

四、实验内容

要测量空间光调制器的调制特性，首先需要确定一些必要的参数。若通过改变光学系统来实现纯相位调制，需要的参数很多，包括液晶的厚度，液晶的双折射随电压的变化情况等。本实验中，我们测量的是液晶屏的分子扭曲角和液晶两个表面的分子取向。

（1）调整激光器的偏振方向为竖直方向，调整波片和偏振片使光轴与其为竖直方向，并读数。确定波片的光轴方向 ϕ_2 和偏振片的偏振方向 ϕ_1。参照图 5.16，沿导轨安装激光器、检偏器、空间光调制器和功率计。

（2）将空间光调制器调试到断电状态，顺时针调试偏振片到光强最大位置，记角度为 ϕ_3。

（3）安装半波片，逆时针旋转半波片直到光强最大，记波片位置为 ϕ_4。

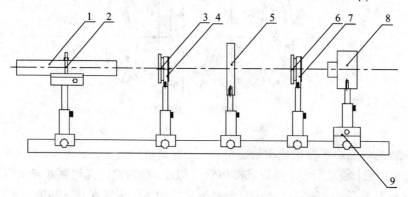

1—线偏振氦氖激光器；2—激光夹持器；3—1/2 波片；4—波片架；
5—空间 光调制器；6—偏振片；7—偏振片架；8—功率计；9—二维支架

图 5.16　实验系统示意图

五、实验数据处理

（1）空间光调制器液晶后表面液晶分子取向与竖直方向夹角为 $(\phi_3-\phi_1)$；

（2）空间光调制器液晶前表面液晶分子取向与竖直方向夹角为 $2(\phi_4-\phi_2)$；

（3）液晶自然扭曲角为：$(\phi_3-\phi_1)+2(\phi_4-\phi_2)+m\pi$。

学生可选做下述实验：

（1）测量激光器的输出功率、激光通过半波片后的光功率、激光通过空间光调制器后的光功率、激光通过偏振片后的最大光功率。计算半波片、空间光调制器、偏振片的透射率。

（2）思考能否用普通激光器和偏振片代替线偏激光器和半波片，为什么？

（3）思考能否用线偏激光器、1/4 波片、偏振片来产生各方向的偏振光，有何利弊？

实验二　空间光调制器振幅调制实验

一、实验目的

（1）了解振幅型空间光调制器的工作原理。

（2）测量 SLM 振幅调制模式下的偏振光角度。

（3）观察 SLM 振幅调制模式下的成像图案。

二、实验原理

振幅空间光调制器是通过对入射线偏振光进行调制后改变其偏振态的，利用入射和出射偏振片的不同获得不同强度的出射偏振光，对光强的调制在光开关、光学信号识别、光学全息中有广泛应用。

在空间光调制器液晶屏的使用中，光线依次通过起偏器 P_1、液晶分子、检偏器 P_2。如果偏振器件的透光方向与 x 轴夹角为 θ，那么在直角坐标系中该偏振器件的 Jones 矩阵是：

$$\boldsymbol{J}_p(\theta) = R(-\theta)\boldsymbol{J}R(\theta) = \begin{bmatrix} \cos\theta & -\sin\theta \\ \sin\theta & \cos\theta \end{bmatrix} \begin{bmatrix} 1 & 0 \\ 0 & 0 \end{bmatrix} \begin{bmatrix} \cos\theta & \sin\theta \\ -\sin\theta & \cos\theta \end{bmatrix}$$

$$= \begin{bmatrix} \cos^2\theta & \sin\theta\cos\theta \\ \sin\theta\cos\theta & \sin^2\theta \end{bmatrix} \tag{5-28}$$

其中，$\boldsymbol{R}(\theta) = \begin{bmatrix} \cos\theta & \sin\theta \\ -\sin\theta & \cos\theta \end{bmatrix}$，为旋转矩阵。

对于旋光物质，当旋转角度为 α 时，对应的 Jones 矩阵为

$$\boldsymbol{J}_t(\theta) = \exp\frac{-j2\pi nd}{\lambda} \begin{bmatrix} \cos\alpha & -\sin\alpha \\ \sin\alpha & \cos\alpha \end{bmatrix} \tag{5-29}$$

其中，n 是介质的折射率，d 是介质厚度，λ 为光的波长。

对于液晶这种复杂的双折射旋光介质，其 Jones 矩阵的计算比较复杂，根据不同的模型会有不同的表达式，在 Kanghua Lu 最早提出的简单模型中，认为液晶分子扭曲 $90°$ 是均匀变化，在某一固定电场下，分子的倾斜角不因 z 而变化，即不考虑边缘效应。他给出了液晶层自然状态下的 Jones 矩阵：

$$\boldsymbol{J} = \exp(-j\psi) \begin{bmatrix} \dfrac{\pi}{2\gamma}\sin\gamma & \cos\gamma + j\dfrac{\beta}{\gamma}\sin\gamma \\ -\cos\gamma + j\dfrac{\beta}{\gamma}\sin\gamma & \dfrac{\pi}{2\gamma}\sin\gamma \end{bmatrix} \tag{5-30}$$

其中，$\beta = \dfrac{\pi d}{\lambda}(n_e - n_o)$，$\psi = \dfrac{\pi d}{\lambda}(n_e - n_o)$，$\gamma = \left[\left(\dfrac{\pi}{2}\right)^2 + \beta^2 \right]^{\frac{1}{2}}$。

当液晶屏加有电场时，液晶分子向电场方向倾斜，它完全是电压 V_r 的函数。液晶分子存在一个倾斜的阈值电压 V_c，当 $V_r < V_c$ 时，θ 为 0；当 $V_r > V_c$ 时，θ 是 V_r 的函数。另定义 V_o 是 θ 等于 $49.6°$ 时的电压，则 θ 可如下定义

$$\theta = \begin{cases} 0 & , V_r < V_c \\ \dfrac{\pi}{2} - 2\arctan^1\left\{ \exp\left[-\left(\dfrac{V_r - V_c}{V_o}\right) \right] \right\} & , V_r > V_c \end{cases} \tag{5-31}$$

由于分子的倾斜，改变了液晶的双折射，故 n_e 是 θ 的函数，有

$$\frac{1}{n_e^2(\theta)} = \frac{\cos^2(\theta)}{n_e^2} + \frac{\sin^2(\theta)}{n_o^2} \tag{5-32}$$

所以当有电场存在时，液晶层的 Jones 矩阵就是将式(5-30)中的 n_e 用 $n_e(\theta)$ 来代替。计算出偏振片和液晶组成的系统的 Jones 矩阵，进一步由复振幅可分别得到系统的强度变化和相位变化：

$$T = \left[\frac{\pi}{2\gamma}\sin\gamma\cos(\phi_1 - \phi_2) + \cos\gamma\sin(\phi_1 - \phi_2) \right]^2 \tag{5-33}$$

$$\delta = \beta - \arctan\frac{(\beta/\gamma)\sin\gamma\sin(\phi_1 + \phi_2)}{(\pi/2\gamma)\sin\gamma\cos(\phi_1 - \phi_2) + \cos\gamma\sin(\phi_1 - \phi_2)} \tag{5-34}$$

由上两式可知，当空间光调制器其他参数保持不变时，通过改变 ϕ_1 和 ϕ_2，使相位 δ 基本保持不变，而强度 T 随着液晶屏所加电压的变化而变化，此时空间光调制器为强度调制模式。

三、实验仪器

本实验所用仪器有：线偏振氦氖激光器，半波片，空间光调制器，偏振片，功率计等。

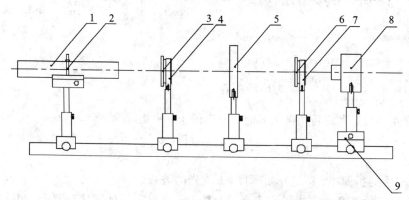

1—线偏振氦氖激光器；2—激光夹持器；3—1/2 波片；4—波片架；
5—空间光调制器；6—偏振片；7—偏振片架；8—功率计；9—二维支架

图 5.17　实验系统示意图

四、实验内容

（1）参照图 5.17，沿导轨安装实验系统中的各个器件，保证各光学器件同轴等高，激光的偏振方向竖直向下。

（2）将半波片的角度调为 ϕ_3，此时入射激光的偏振方向与液晶前表面液晶分子平行。旋转偏振片 P_2 使 ϕ_2 从 0° 到 180° 变化，每次间隔 10°，每转动一次偏振片，改变空间光调制器输入图像的灰度值，每改变 25 灰度记录一次功率计读数，并将数据填入自行设计的实验数据记录表中。

（3）根据以上表格找出光功率随灰度变化改变的最大值，此时半波片与偏振片的夹角即为空间光调制器的强度调制模式。

（4）将给定的灰度图案写入空间光调制器，按照图 5.18 观测激光通过空间光调制器后调制产生的图案。观测单缝衍射图案、双缝干涉图案、矩孔衍射图案。

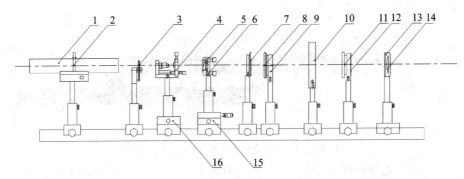

1—线偏振氦氖激光器；2—激光夹持器；3—可调衰减；4—空间滤波器；5—$F=100$ mm 凸透镜；6—透镜支架；
7—可变光阑；8—半波片；9—波片架；10—空间光调制器；11—偏振片；12—偏振片架；
13—$f=200$ mm 凸透镜；14—透镜支架；15、16—调节支架

图 5.18　观察空间光调制后产生图案的光路图

实验三　空间光调制器相位调制模式的参数测量及标定实验

一、实验目的

（1）了解相位型空间光调制器（SLM）的工作原理。

（2）标定 SLM 相位调制模式时的灰度—相位对应关系。

（3）观察 SLM 相位调制模式下的成像图案。

二、实验原理

前面我们提到了按照 SLM 调制光参量的不同可以将其分为振幅型、相位型和复合型。本实验主要研究其相位调制特性。所谓相位型空间光调制器，即该 SLM 只是对其读出光的相位分布进行调制，读出光的光强基本不变。

实验中我们主要是采用扭曲向列液晶来实现纯相位调制的，N. Konforti 等人在前人研究的基础上提出，扭曲向列型液晶可以作为纯位相空间光调制器，位相的改变依赖于电极上的电压，研究认为当液晶分子受到外加电场的时候，如果外加电场高于 Freedericksz 改变阈值电压而且低于光学改变阈值电压时，液晶分子呈现出沿电场排布的趋势，但依然保持自身的扭曲状态不变，在此区间的位相改变来自于各层液晶分子的有效双折射效应，这种双折射的变化与电压的增大和液晶分子的偏转成反比。在此区间不会有太大的强度变化，因为液晶分子的扭曲状态依然不变。当外加电压的大小高于光学改变阈值电压的时候，液晶分子的扭曲不再一致，这时双折射效应增加，光的通过率增加。

若作为纯相位调制器，要求相位调制时强度基本不变，并且还要求通过率较大。本实验采用了将空间光调制器放在两个偏振片之间（为了减少光功率的损耗，第一个偏振片用线偏光和半波片的组合代替），不断调节偏振片的偏振状态来确定合适的偏振角度以达到纯相位调制的模式。如图 5.19 所示，空间光调制器放置在偏振片 P_1、P_2 之间，然后来调节偏振片的角度，当光强基本保持不变的时候记录前后偏振片的角度，在此角度下是否为纯相位调制，还需要后面进行相位标定。

本实验的相位标定方法是基于干涉理论。如图 5.19 所示，激光被分束器分成两束平行

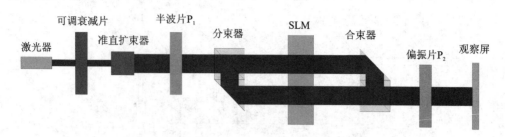

图 5.19　相位标定系统原理示意图

的相干光束。两束光分别照在 SLM 平板的左右两个半板上。其中左半板的灰度值为固定值，而右半板的灰度值是从 0 到 255 变化可调（见图 5.20）。两光束在经过 SLM 相位调制后，在通过一个合束器时发生干涉，然后由 CCD 采集条纹图案。由于 SLM 的右半板的灰度在不断变化，所以右边光束的相位也在随之发生变化，因此导致干涉条纹会产生相移，我们通过分析干涉条纹的相移数据来测量空间光调制器的相位调制特性。

图 5.20　SLM 左半板的灰度为固定值而右半板的灰度由 0 到 255 变化示意

三、实验仪器

本实验所用仪器有：线偏振激光器，可调衰减片，空间滤波器，半波片，分束器，空间光调制器，偏振片，数字摄像机。

四、实验内容

（1）参照图 5.21 搭建实验系统，调整各光学器件使其同轴等高。激光偏振方向竖直向下。

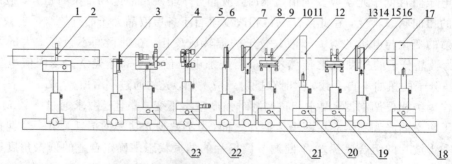

1—线偏振氦氖激光器；2—激光夹持器；3—可调衰减片；4—空间滤波器；5—$f=100$ mm 准直透镜；6—透镜支架；
7—可变光阑；8—半波片；9—波片架；10—分束器；11—可调棱镜支架；12—空间光调制器；13—合束器；
14—可调棱镜支架；15—偏振片；16—偏振片架；17—CMOS 数字相机；18~23—调节支架

图 5.21　实验系统示意图

（2）调整各器件使激光扩束准直后，由分束器分为两束平行光，分别投射在空间光调制器的左右半屏上，再由合束器将两束光合为一束，形成清晰稳定的干涉条纹。再由数字摄像机进行图像采集。

（3）调节半波片和偏振片使其在加载全黑图片与全白图片时光功率基本不变化，即使空间光调制器处于相位调制的状态。在空间光调制器中读入相应的图像，使得左半屏的灰度保持 0 灰度不变，右半屏的灰度从 0 到 250，以 25 灰度为间隔来改变。每改变一次灰度，采集一次条纹图案。通过配套软件计算每一幅条纹图案相对于第一幅条纹图的相移量。

（4）参考图 5.22 搭建相位调制型空间光调制器实验系统，将给定的相位图写入空间光调制，观察衍射图案。

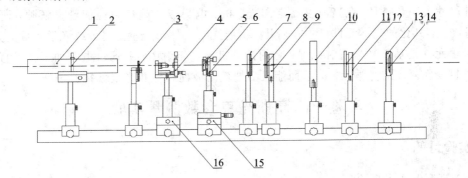

1—线偏振氦氖激光器；2—激光夹持器；3—可调衰减片；4—空间滤波器；5—$f=100$ mm 准直透镜；
6—透镜支架；7—可变光阑；8—半波片；9—波片架；10—空间光调制器；11—偏振片；
12—偏振片架；13—凸透镜；14—透镜支架；15、16—调节支架

图 5.22　相位调制实验示意图

五、实验数据处理

（1）将计算出来的当右半屏显示不同灰度时产生的条纹图案相对于 0 灰度时的条纹图案的相位差填入下表。

右屏灰度	0	25	50	75	100	125	150	175	200
相移量	0								
右屏灰度	225	250	255						
相移量									

（2）根据上表绘制灰度-相位差关系图，分析此状态时空间光调制器的相位调制能力。

5.4　光束模式变换与测量实验

虽然在 1917 年爱因斯坦就预言了受激辐射的存在，但在一般热平衡情况下，物质的受激辐射总是被受激吸收所掩盖，未能在实验中观察到。直到 1960 年，第一台红宝石激光器才面世，它标志了激光技术的诞生。

激光器由光学谐振腔、工作物质、激励系统构成，相对一般光源，激光有良好的方向性，也就是说，光能量在空间的分布高度集中在光的传播方向上，但它也有一定的发散度。

在激光的横截面上，光强是以高斯函数型分布的，故称作高斯光束。同时激光还具有单色性好的特点，也就是说，它可以具有非常窄的谱线宽度。受激辐射后经过谐振腔等多种机制的作用和相互干涉，最后形成一个或者多个离散的、稳定的谱线，这些谱线就是激光的模。

在激光生产与应用中，如定向、制导、精密测量、焊接、光通信等，我们常常需要先知道激光器的构造，同时还要了解激光器的各种参数指标。因此，激光原理与技术综合实验是光电专业学生的必修课程。

20世纪60年代激光的出现，促进了光学技术的发展，但是基于折反射原理的传统光学元件，如透镜、棱镜等大都是以机械的铣、磨、抛光等来制作的，不仅制造工艺复杂，而且元件尺寸大、重量大。在当前仪器走向光、机、电集成的趋势中他们已显臃肿，研制小型、高效、阵列化的光学元件已迫在眉睫。衍射光学元件的产生是对传统光学元件的弥补。衍射光学元件是基于光学衍射原理，利用计算机设计衍射图，并通过电子加工技术直接在光学材料表面浮雕的光学元件，从而能灵活地控制波前相位和光线偏折。

实验一　　高斯光束参数测量实验

一、实验目的

（1）理解激光谐振原理。
（2）观察激光光斑的强度分布。
（3）测量激光光斑的发散角。

二、实验原理

1. 氦氖激光器原理与结构

氦氖激光器（简称 He－Ne 激光器）由光学谐振腔（输出镜与全反镜）、工作物质（密封在玻璃管里的氦气、氖气）、激励系统（激光电源）构成，如图 5.23 所示。

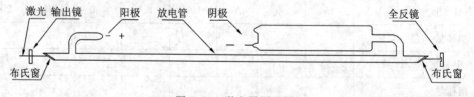

图 5.23　激光器原理图

对 He－Ne 激光器而言增益介质就是在毛细管内按一定的气压充以适当比例的氦、氖气体，当氦、氖混合气体被电流激励时，与某些谱线对应的上下能级的粒子数发生反转，使介质具有增益。介质增益与毛细管长度、内径粗细、两种气体的比例、总气压以及放电电流等因素有关。

对谐振腔而言，腔长要满足频率的驻波条件，谐振腔镜的曲率半径要满足腔的稳定条件。总之腔的损耗必须小于介质的增益，才能建立激光振荡。

内腔式 He－Ne 激光器的腔镜封装在激光管两端，而外腔式 He－Ne 激光器的激光管、输出镜及全反镜是安装在调节支架上的。调节支架能调节输出镜与全反镜之间的平行度，使激光器工作时处于输出镜与全反镜相互平行且与放电管垂直的状态。在激光管的阴极、阳极上串接着镇流电阻，防止激光管在放电时出现闪烁现象。氦氖激光器激励系统采用开关电路的直流电源，体积小、份量轻、可靠性高，可长时间运行。

2. 高斯光束的基本性质

众所周知，电磁场运动的普遍规律可用 Maxwell 方程组来描述。对于稳态传输光频电磁场，可以归结为对光现象起主要作用的电矢量所满足的波动方程。在标量场近似条件下，可以简化为赫姆霍兹方程，高斯光束是赫姆霍兹方程在缓变振幅近似下的一个特解，它可以足够好地描述激光光束的性质。使用高斯光束的复参数表示和 ABCD 定律能够统一而简洁地处理高斯光束在腔内、外的传输变换问题。

在缓变振幅近似下求解赫姆霍兹方程，可以得到高斯光束的一般表达式：

$$A(r, z) = \frac{A_0 \omega_0}{\omega(z)} e^{\frac{-r^2}{\omega^2(z)}} \cdot e^{-i\left[\frac{kr^2}{2R(z)} - \psi\right]} \tag{5-35}$$

式中，A_0 为振幅常数；ω_0 定义为场振幅减小到最大值的 $1/e$ 的 r 值，称为腰斑，它是高斯光束光斑半径的最小值；$\omega(z)$、$R(z)$、ψ 分别表示了高斯光束的光斑半径、等相面曲率半径、相位因子，是描述高斯光束的三个重要参数，其具体表达式分别为

$$\omega(z) = \omega_0 \sqrt{1 + \left(\frac{z}{z_0}\right)^2} \tag{5-36}$$

$$R(z) = z_0 \left(\frac{z}{z_0} + \frac{z_0}{z}\right) \tag{5-37}$$

$$\psi = \arctan^1 \frac{z}{z_0} \tag{5-38}$$

其中，$z_0 = \pi\omega_0^2/\lambda$，称为瑞利长度或共焦参数。

（1）高斯光束在 $z = \mathrm{const}$ 的面内，场振幅以高斯函数 $e^{-r^2/\omega^2(z)}$ 的形式从中心向外平滑地减小，因而光斑半径 $\omega(z)$ 随坐标 z 按双曲线：

$$\frac{\omega^2(z)}{\omega_0^2} - \frac{z}{z_0} = 1 \tag{5-39}$$

规律地向外扩展，如图 5.24 所示。

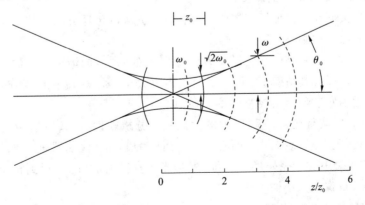

图 5.24　光斑半径随坐标变换规律曲线

（2）在式（5-39）中，令相位部分等于常数，并略去 $\psi(z)$ 项，可以得到高斯光束的等相面方程：

$$\frac{r^2}{2R(z)} + z = \text{const} \tag{5-40}$$

公式中，R(z)为高斯光束等相面的曲率半径。因而，可以认为高斯光束的等相面为球面。

（3）瑞利长度的物理意义为：当$|z| = z_0$时，$\omega(z_0) = \sqrt{2}\omega_0$。在实际应用中通常取$z = \pm z_0$范围为高斯光束的准直范围，即在这段长度范围内，高斯光束近似认为是平行的。所以，瑞利长度越长，就意味着高斯光束的准直范围越大；反之亦然。

（4）高斯光束远场发散角θ_0的一般定义为当$z \to \infty$时，高斯光束振幅减小到中心最大值$1/e$处与z轴的夹角，即表示为

$$\theta_0 = \lim_{z \to \infty} \frac{\omega(z)}{z} = \frac{\lambda}{\pi\omega_0} \tag{5-41}$$

三、实验内容与步骤

1. 激光高斯光束截面光斑光强分布的测量

如图 5.25 所示布置光路，安装并运行"大恒激光光斑分析软件"，CCD 居中垂直接收完整光斑，CCD 光阑内部已内置衰减片，再通过光路当中的起偏器、检偏器进一步调节光束强度，保证 CCD 接收光斑中心最亮处接近饱和。此时可观察光斑当中的光强分布，通过"线灰度测量"功能，对光斑当中二维居中刻线进行测量，观察刻线处的灰度分布，体会光斑平面内光强"高斯分布"的意义。

图 5.25　实验装置图

2. 激光高斯光束发散角的测量

测量发散角关键在于保证探测接收器能在垂直光束的传播方向上扫描，这是测量光束横截面尺寸和发散角的必要条件。

由于远场发散角实际是以光斑尺寸为轨迹的两条双曲线的渐近线间的夹角，所以我们应尽量延长光路以保证其精确度。可以证明当距离大于$\pi\omega_0^2/\lambda$（瑞利长度）时所测的全发散角与理论上的远场发散角相比误差仅在 1% 以内。

如图 5.25 布置调整光路，运行"大恒激光光斑分析软件"，CCD 居中垂直接收完整光斑，CCD 光阑内部已内置衰减片，再通过光路当中的起偏、检偏器进一步调节光束强度，保证 CCD 接收光斑中心最亮处接近饱和，通过光斑直径测量功能，得到相应的该位置处的光斑直径D_1（CCD 像素大小输入 9 μm）。

沿光束传播方向更换另外一个位置，再次测量光斑直径D_2，两次位置之间的距离为$L_2 - L_1$。由于发散角度较小，可做近似计算，$2\theta = (D_2 - D_1)/(L_2 - L_1)$，便可以算出全发散角 2θ。

实验二　高斯光束分束变换与测量

一、实验目的

(1) 了解二元衍射光栅的结构和参数。

(2) 测试二元衍射光栅的分束比、分束光束均匀性及光栅周期。

二、实验原理

衍射光学元件是基于光波的衍射理论，运用计算机辅助设计，并利用超大规模集成电路制作工艺，在基片上(或传统光学器件表面)蚀刻产生两个或多个台阶深度的微结构，形成纯相位、同轴再现、具有高衍射效率的光学元件。其光学元件表面带有浮雕结构，制作工艺中采用了集成电路的生产方法，所采用的掩膜是二元的，且掩膜用二元编码的形式进行分层，所以这种元件也被称为二元衍射光学元件。衍射光学元件具有极高的应用价值，通常衍射光学元件比折射型的光学元件小而轻，可以有效简化光学系统，极大推动了光学系统微型化、阵列化和集成化的进程。衍射光学元件的设计和使用也是应用光学、工程光学课程中重要的实验内容。

空间坐标调制型二值相位光栅最早是在 1971 年提出的，当时利用特殊孔径函数的衍射光栅产生了一维或二维的等光强阵列光束，其目的就在于希望在光刻时能同时获得一个物体的多重像以提高生产效率。基于衍射的阵列光分束器具有以下主要特征：

(1) 它是相位型光栅，可得到较高的衍射效率。

(2) 其相位是二值的，便于利用常规的大规模集成电路技术进行加工。

(3) 它属于夫琅和费型器件，其光束分布的均匀性不受入射光强分布的影响，即分束之后的子光束与分束之前的光束具有相同的物理特性(如光强分布、发散角等)。

三、实验内容与步骤

1. 光束衍射器分束演示

按照图 5.26 搭建光路，自左向右依次为氦氖激光器、扩束镜、准直镜、光束衍射分束器和白屏。首先调整激光器准直，依次安装扩束镜和准直镜，使入射到光束衍射分束器之前光斑为平行光，经过分束器之后我们即可在白屏上观察到 7×7 的光束矩阵。如图 5.27 所示。分束后的光斑强度分布和发散角均与原光束的物理性质相同。

(a) 实物图

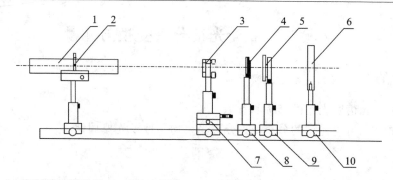

1—线偏振氦氖激光器；2—激光夹持器；3—扩束镜；4—准直镜；5—光束衍射分束器；

6—白屏；7—三维调节架；8～10—调节支架

(b)光路图

图 5.26　分束光路设计图

2. 二元衍射光栅的周期计算

如图 5.27 所示光束矩阵，根据衍射光束我们可以测量光栅周期，比如，我们可以在图 5.27 上选择相邻光斑，用直尺测量出亮光束之间的距离 a，测量出分束器到白屏之间的距离 b，衍射角约为 a/b，根据 $d\sin\theta = k\lambda$（$k=1$，$\lambda=632.8$ nm），即可求得光栅常数 d。

图 5.27　光束矩阵实物图

3. 二元衍射光栅的分束光束均匀性观察

在图 5.26 所示光路的基础上，将白屏更换为 CCD，即可通过 demo 采集到光斑矩阵，如图 5.28 所示。使用光斑分析软件对采集到的图片进行处理可以比较分束之后的光束强度，从而判断光斑均匀性。

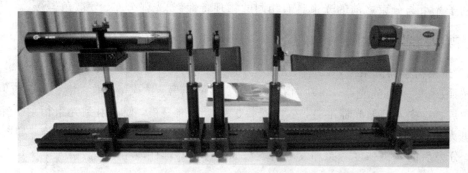

图 5.28　分束光路实物图

参 考 文 献

［1］　王仕璠，刘艺，余学才. 现代光学实验教程. 北京：北京邮电大学出版社，2004.

［2］　罗元. 信息光学实验教程. 哈尔滨：哈尔滨工业大学出版社，2011.

［3］　邵义全，陈怀琳，让庆澜. 北京：电子工业出版社，1989.

［4］　郛顺忠. 工程光学实验教程. 北京：机械工业出版社，2007.

［5］　李平舟，武颖丽，吴兴林. 基础物理实验. 西安：西安电子科技大学出版社，2007.